科学家爸爸**教数学**

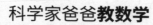

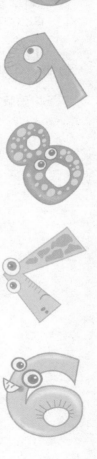

原来数学可以这样学

涂立森　张志斌◎著

北京出版集团
北京出版社

图书在版编目（CIP）数据

原来数学可以这样学 ／ 涂立森，张志斌著. — 北京：北京出版社，2021.12
（科学家爸爸教数学）
ISBN 978 - 7 - 200 - 16940 - 9

Ⅰ．①原… Ⅱ．①涂… ②张… Ⅲ．①数学—少儿读物 Ⅳ．①01 - 49

中国版本图书馆 CIP 数据核字（2022）第 014010 号

科学家爸爸教数学
原来数学可以这样学
YUANLAI SHUXUE KEYI ZHEYANG XUE

涂立森　张志斌　著
*
北　京　出　版　集　团　出版
北　京　出　版　社
（北京北三环中路 6 号）
邮政编码：100120
网　　　址：www . bph . com . cn
北 京 出 版 集 团 总 发 行
新　华　书　店　经　销
河北宝昌佳彩印刷有限公司印刷
*
787 毫米×1092 毫米　32 开本　5.5 印张　108 千字
2021 年 12 月第 1 版　2021 年 12 月第 1 次印刷
ISBN 978 - 7 - 200 - 16940 - 9
定价：68.00 元
如有印装质量问题，由本社负责调换
质量监督电话：010 - 58572393

目　录

前　　言 / 001

第一部分　掀开数学的天花板

第一章　数学深度学习 / 002

　　深度学习 / 002

　　数学深度学习 / 005

　　深度学习工具 / 011

　　不一样的语言 / 013

第二章　思维的利器 / 019

　　数学深度学习思维 / 019

　　数学的本色——百科迁移 / 023

　　扩张式学习 / 028

第三章　数学深度学习空间 / 036

　　建立数学深度学习空间 / 036

　　跨越黄金边界 / 038

　　进行深度推理 / 051

第二部分　父母的启蒙

第一章　我的孩子足够幸运吗？/ 060

我的孩子能学好数学吗？/ 060

数学幸运 / 062

消除数学恐惧 / 064

避免数学伤害 / 067

拒绝时间扭曲 / 069

数学同行者 / 071

数学启蒙的3个关注点 / 079

启蒙能解决一切问题吗？/ 083

第二章　父母的准备 / 089

意识觉醒 / 089

数学志向 / 093

深层次生活空间 / 095

启发式教育 / 099

什么是启发式教育？/ 100

不要强行培养数学兴趣 / 104

第三部分　数学深度学习思维启蒙方法

第一章　情境启蒙法 / 112

情境转化意识 / 112

刻意练习 / 114

第二章　启蒙技巧 / 121

打造数学记忆力 / 121

复述和口算 / 132

用符号替代语言 / 136

搭"桥"的能力 / 138

打比方 / 142

关键性试错 / 145

积累的策略 / 153

写在最后　进入至简世界——助力孩子一生的数学学习! / 159

前　言

　　作为父母、投行家、大众眼中的成功者，我被问及最多的问题就是"你是如何成功的？"和"你是如何培养孩子的？"。

　　我的回答是用数学深度学习思维，这是一种思考事物的方法。我的父母、我自己、我的孩子都在用这种思维方式来学习和生活。

　　数学深度学习思维其实不难，只要深入学习，便可以掌握。我们最常用的数学深度学习思维就是分类、顺序和秩序，这些在学习、生活、工作中会直观反映出一个人的条理性和深层思维的能力。

　　孩子拥有这种思维方式会乐于学习数学，会觉得数学简单有趣。但是这种思维的培养需要正确的引导，这也是我写本书的目的，希望更多的孩子能够受益于数学深度学习思维，拥有更加灿烂的人生。

　　一个人拥有很强的数学思维能力并不代表这个人一定要拥有很高深的数学知识，而是他会用全方位的情境思考方式，这是一种可以后天培养的、重要的深度学习能力。

　　比如，投行家最需要具备的能力就是发现价值的能力，要能够发现并找到企业的核心价值，即：要在未知世界里做出关键性的判断，需要从看似无差别的海量信息中进行深入的思考和探索，对其进行整理、筛选，从而搭建出各种可能通往成功的路径，这与孩子在数学世界中的探索过程是一样的。

孩子在学习和生活中，成年人在生活和工作中最需要用到的是数学深度学习思维而非数学知识，这种数学深度学习思维来源于数学深度学习，是一种可以练就的学习能力。

我用一个例子来说明什么是数学深度学习思维。比如"鸡兔同笼"问题，有这种思考能力的人在面对这个问题时会感觉很轻松。

例题：

一个笼子里装了30只鸡和兔子，一共有70条腿，请问鸡和兔子各有多少只？

这道题考了什么数学深度学习思维呢？其实就是分类简化，找出中间变量。我们试着把2种动物变为1种动物，也就是把兔子都暂时变成鸡，统一按照鸡去思考，这道题就容易了，这就是分类简化的数学深度学习思维。

什么是简化？就是将信息量减少到不能再少，将变动的信息转化为固定的信息。这个时候人是最容易思考的，这个时候情境就变成了至简世界了，里面的东西极其简单，往往只是一个不变的常数。将事物同质化就能极大地简化情境中的信息量，使人容易思考。而在这道题里面，我们把兔子用鸡进行了替换，所以，鸡就是中间变量。

　　当情境很乱、信息量很大时，我们需要思考如何简化，让问题变得简单起来，这种数学的思考方式是孩子需要练就的本事。

　　数学深度学习思维除了能练就孩子的本事，还能练就孩子勇敢的心灵状态，因为孩子面对数学世界的心灵状态就是日后面对未知世界的状态。孩子在内心完成构建、推演、计算、检验、比较、试错等过程，不断地挑战甚至否定自己，这种勇敢而复杂的心灵状态是孩子面对数学世界时需要具备的一种重要特质，有了这种特质，孩子就不会觉得数学是一门很难的学科，能够坦然地面对未来的挑战。

　　数学深度学习思维不仅对孩子的数学学习有用，而且对其他学科的学习乃至日后的工作和生活都非常重要。比如，作文的写作结构（三段式、四段式），房屋的装修设计（空间布局、形状），饭菜的营养搭配（肉菜比例、炒菜时间），行业的研究分析（公司各项数据分析、对比，价值链解析），等等，因为数学就是面对未知、发现事物本质、设计各种可能性，提出解决方案的一门学问。回顾我自己的成长历程，儿时父亲对我的启蒙意义深远，他用启发式的教养方式让我拥有了强大的数学深度学习思维能力和独立思考的习惯，这成就了如今的我，我也用这种思维方式培养着自己的孩子。

这个世界唯一不变的就是变化本身，也就是我们都会不可避免地进入未知的世界，这需要我们具备可以独立分析和判断的能力。数学深度学习思维能够带给孩子的心灵状态和思维能力是他们面对数学世界和未来的重要技能。

在此，我将父亲对我的启蒙方式，我曾经作为数学老师时的教学经验，我身为投行家和企业高管的多年工作体会，我对自己孩子的培养感悟以及身边朋友们的真实事例进行分析和总结，希望可以让更多的父母和孩子从中受益，收获属于自己的未来。

第一部分

掀开数学的
天花板

　　数学难吗? 只要有数学深度学习思维能力, 数学的学习是不难的, 每一个孩子都可以学好数学。

　　什么是数学深度学习思维? 数学深度学习思维就是人在面对未知事物时所展现出的一种信息处理方式。这是一种很基础的思维方式和学习方法。当今时代的更替速度很快, 需要人具有更加综合的跨界思考能力, 而数学深度学习思维能够深究事物本质、厘清事物关系、构建最优解决方案, 是最能帮助孩子深入思考、独立发现的思维方式, 是孩子在未来的学习、生活、工作中都能用到的思维方式, 对孩子的人生发展至关重要。

　　我们要想为孩子培养这种思维方式, 就需要首先理解什么是数学深度学习、什么是数学深度学习思维以及什么是数学深度学习空间等。在本书的第一部分里, 我会为大家逐一解析。

第一章 数学深度学习

深度学习

孩子重要的思维能力不是来源于数学知识，而是来源于数学深度学习，首先我要给大家解释的是什么是深度学习。

深度学习是一种独立思考、独立自主的学习方式，是一种主要以发现为主的学习，是在面临新情境、没有可模仿背景的环境时发现事物基本特征的学习，包括发现新情境中的概念、问题等基本因素。事实上，我们每个人都会深度学习。

我们在日常的生活和工作中几乎每天都会遇到新问题，都需要对此进行深度学习。比如，医生面对一名新患者时，分析师面对一家新公司时，销售人员面对一位新客户时，等等。

首先，深度学习是在陌生的环境中开始的。我们对于新情境、新问题、新任务都不熟悉，在新的挑战下，我们要独立自主地去发现这个新情境中到底有什么因素，发生了什么事情，有哪些基本问题，有什么关键的变量和概念，等等。

其次，深度学习需要运用一切学习方法尝试总结、概括、分类以发现其中的因果关系，在发现的过程中不断地筛选、比较，用多种逻辑和事理进行推理，提出各种解决方案进行试错和比较。比如，销售人员在面对新客户时也是一个陌生情境，需要研究客户属于哪个群体，这个群体有什么特点，客户最需要什么，公司的哪款产品最能吸引客户，如何给客户建议等各种问题。

如果用简短的语言来概括深度学习，可以说深度学习就是人独立发现情境中的概念、问题、推理、解决方案的过程。

个人的深度学习能力是在深度学习的过程中培养起来的。拥有多年工作经验的人往往能够感觉到自己主要是通过运用能力而非专业知识来解决问题，因为我们对于专业知识已经非常熟悉，所以在思考如何解决问题时不会去思考具体的专业内容。

深度学习是我们应对世界必备的一种能力。因为未知的世界是没有现成的、固定的答案的，都需要自己的探索和发现。因此，培养孩子的深度学习能力尤为重要。

给大家举个深度学习的例子，电视剧《人间正道是沧桑》中的杨立青就是一个拥有深度学习能力的人。他在军队中是"不管部"的部长，哪个部有难事、大问题就让他去当部长，解决完问题再到其他有需要的部里去，因为他的深度学习能力极强，且有自信、有方法，而且还能够跨专业。我印象很深的一个场景是他迅速比较了双方的武器装备、弹药数量、有效攻击范围等数据，认识到这是非对称性的战斗，发现了这场战役中的核心问题，并找到了最优的解决方案，迅速把后勤、兵工厂做起来，生产出比对方更强的武器装备、更多的弹药，使解放军一下子改变了"小米加步枪"的局面，有了可以与国民党的美式装备相抗争的子弹库和武器装备。

深度学习方式解析的基本单位不是例题或者可以模仿成形的东西，而是更为基础的内容，对于数学而言，更为基础的内容是概念。

深度学习是从大概念一点点分解到小概念的，就像物理学里发现世界的过程，先发现了分子，然后发现了原子、电子等，为什么要遵循这个路径去发现呢？唯有如此才能还原事情基本的、更接近实质的真相和规律。

如果孩子只是单纯记忆知识点，最多只是会做题而不会灵活使用，往往是题目一变就又不会了，因为没有理解其中最基础的内容含义。比如，很多人都学过政治经济学，但是只有那些经过深度学习的人才能在分析国际金融、剩余价值、汇率等问题时灵活运用那些最基础的、自己消化过的基本概念，才能看懂国家不断变化的政治经济策略，才能把握住机会。

为什么对概念的理解这么重要？因为有深层含义的、最基础的概念甚至能够突破一门学科。比如熵，这个概念从物理、化学迁移到管理学后产生了重大的突破，管理学中的组织行为学水平得以大幅提升。

比如域无穷小，这个概念让微积分进入萌芽状态，当导数与域无穷小两个概念相碰撞的时候，高等数学就产生了。比如模糊数学，这个概念就是讲趋势，模糊的正确成为概念，而且这个概念经常在生活中出现。在模糊的正确这个不精确的概念中有一部分是精确的，有一部分是比较小的不精确。因此，有意义的不精确是一种类型，无意义的不精确则是另外一种类型，比如对于一个统计数据5.869372737······前面5.8是比较精确的部分，后面是不精确的部分，但是如果连前面都不精确了，那么这个结果就没有意义了。比如，两个人背对背互相猜性别，其实不是瞎猜，因为确定的性别差异是50%，确定性已经很高了。再比如残值，很多人认为残值不重要，但是残值恰恰是精确计算数学的关键，残值甚至可以否定掉之前得到的结论。这些例子在说明什么？就是一个最深层的基础概念能够否定、推翻、演化出一门新的学问，这是深度学习中最关键的价值之一。

数学深度学习

数学深度学习就是在深度学习的基础上使用了数学工具，进行了数学因素和数学情境的转化。如果用简短的语言来概括数学深度学习，那么可以说数学深度学习就是自己独立地发现情境中的数学类概念、问题、推理和解决方案的过程。

我先来解释一下数学浅度学习，以便大家更好地理解数学深度学习。数学浅度学习大多是模仿式学习，听老师讲例题，孩子课后做参考题、刷题以记住这种类型题目的解题思路和推导技巧。在这个过程中，记忆、模仿所占的比例很大，而孩子自己能够不受约束地去发现的占比很小。在面临数学题时，孩子主要依靠搜索记忆中的题型，用比较的方式来解题。

浅度学习很重要，它是深度学习的开始，然而可惜的是，很多孩子没有继续前行，深入理解其中的概念，没有对自己提问过，没有进行后续的深度学习。人在理解任何概念、深度学习时都需要时间的沉淀，因此，孩子从小在日常生活中多思考、多理解、多积累至关重要。

一切研究问题的学习方式都属于深度学习，数学深度学习就是在研究问题时会使用到很多的数学工具。

比如，公司的某部经理要求涨薪，很多人认为这是人力资源问题，但我作为高管却是从数学的角度来思考和解决这个问题的，为什么？这个情境涉及很多系统、很多概念的比较，管理者进行涨薪决策的前提是比较，决策的过程中需要进行评估和衡量，决策的目的是实现激励、公平，提高士气，平衡等。因此，决策的过程其实就是建立数学方程的过程，这个数学方程中包含多目的、多变量，并达到使公司在未来能够高效运转的目的。我将决策需要进行的评估、测量等变量用字母来进行替代，将这个事件转化为数学问题来看待，我们就可以用一个简单的方程式来表示，比如：Y=aA+bB+cC+dD+……这并不需要个人具备高深的数学知识，但是需要有用数学工具进行深度学习的意识和习惯，能够熟练地将各种问题转化为数学问题来思考，将整个场景、任务、变量都看作数学场景、数学任务、数学变量来解决问题。

很多父母会让孩子参加课外辅导，提前学习数学相关知识，在适度的情况下这些都是可行的，但是这些做法对于形成孩子的数学深度学习能力是远远不够的，这只是让孩子进行了大量浅度学习的训练，而没有进入深度学习的层面上。

数学深度学习能够使人更加完整、快速、细致地认知情境的真实状况，思考的维度更多、速度更快，在做题时思路更清晰。我们要看清数学、要看"真"数学，让孩子用心灵去感受数学的色彩。我给大家举个例子来说明数学深度学习是如何做到快速、细致地得

例题：

沿着一个环形公园种树一圈，公园周长150米，每隔15米种1棵树，需要种多少棵树？

VS

例题：

沿着一条笔直的公路种树，公路长150米，在公路两边每隔15米种1棵树，需要种多少棵树？

到答案的。

这两个问题中很多信息都是一样的，总长度都是150米，都需要每隔15米种1棵树，不同的是地点——公园和公路，我们要如何思考呢？

和"鸡兔同笼"的例题一样，我们首先要做的就是简化，通过图形进入至简世界，用数学语言帮助我们思考，那么上面提到的两个地点就会转化为下面的两个图形。

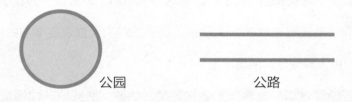

公园   公路

两个图形之间又有什么关系呢？环的周长切开可以变为直线，线段两端重叠也可以变为圆形，这就是它们之间的关系。我们成功将两个看起来毫无关系的地点——公园和公路，转化成了简单的、有紧密关系的数学符号。

接下来，我们就会发现，两个图形在分段时的区别其实就在于对起始点的处理上。通过下面的图例，我们可以直观地看出，分同样多的段数，如都分成3段，环行的点比线段上的点要少1个，因为头尾相连了，节约了1个点。

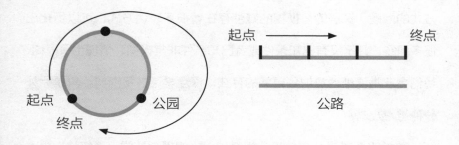

起点　　→　　终点

公园

公路

起点
终点

由此，我们会得出结论，分同样的段数，线段上的点要比环形多1个，另外，公路需要在两边种树，当我们发现这两个隐藏的关键信息后，解题就变得非常容易。

公园需要种：
150÷15=10 棵

公路需要种：
（150÷15+1）×2=22 棵

由此，我们可以知道，数学语言是辅助我们思考的有效工具，能将大量的抽象语言转化为数学情境图形，使核心信息留在数学图形上，过滤掉干扰信息。

数学深度学习与知识难度的关系不大，小学生一样可以进行数学深度学习，要具备这样的思维方式和习惯，对于数学深度学习空间的建设和心灵的成长都非常重要。

我们的心灵也经常会面对各种"难题"。"难题"是什么？"难题"是能够使人觉醒的、模糊的疑惑，没有已知条件、结构或者特定解题方式的问题。深层的、模糊的疑惑存在着很多表达方式，可以衍化出很多问题，几乎没有已知条件或者已知条件非常模糊，情境也很模糊，我们会非常清晰地意识到疑惑的存在。深度学习并不深奥，只是另外一种学习方式。

数学的发展是从具体走向模糊的，比如模糊数学、系统论、概率论、运筹学等，因为很多重要的事实和信息是含在不确定和模糊的情境中的。数学深度学习的习惯与自身的学习品质有着微妙的联系，当孩子开始追寻这种不确定性疑惑时，一些父母会误认为孩子对数学有兴趣，但其实要让孩子持续地对抽象的间接世界感兴趣是很难的事情。

在面对数学深度学习中非常抽象的"难题"时，孩子一开始往往都会选择回避，如果父母没有捕捉到孩子此时产生的疑惑，孩子珍贵的深度学习机会就会悄悄溜走。更糟的是，一些父母会迫使孩子忽略掉这种深度学习的机会，"你不用想那些，把这个题弄会就行"，孩子受到这样的引导会立刻结束思考，如此多年以后，孩子在面对未知世界时会感到非常陌生和无助。

我们在工作中，处理复杂有难度的问题时，疑惑是有价值的，也是珍贵的。开会时，大家谈论的内容基本上都是疑惑，会互相交流疑惑，再转化出一套解决方案。

在数学深度学习中，人需要自己探索、发现、寻找参照物，自己否定、重新开始、重新搭设结构、反复实验，中间涉及发散、推理、归纳，这个过程中的信息量是巨大的。

因此，孩子在面对"难题"环境时，内心最需要慢和静，因为数学深度学习是别人替代不了的，必须自己面对一切要素和信息，把所有信息转化为各种各样的条件、类型、知识、题目，需要在内心中进行海量的思考。

当孩子开始出现自主学习、发现、归类等思维动作的时候，其实就是孩子开始自己主动进行深度学习的标志，请父母要格外留意和呵护。

深度学习工具

深度学习和浅度学习的工具有什么差别？浅度学习的工具相对单一，主要是例题，深度学习则需要背负更多的工具。

我用爬山打个比方，浅度学习就像按照铺好的台阶爬，只需要穿好鞋、带上水就行了，而深度学习就像爬野路上山，只能在山下往上看时隐约可以看到哪里有路、哪里没有路，不仅需要猜想，还需要戴手套、戴帽子、带绳子、带砍刀……这是两种不同的思维方式。

我们无法衡量深度学习的难度，因为深度学习中的难度永远是未知的。在深度学习中，我们很少会在短期内结束一个探索任务，需要进行持续的探索，不会有具体的预期时间、预判难度的定式思维，需要的只是持续地思考。

深度学习的特点是开始时并不需要急于模仿，而是要安静、缓慢地整理和渗透，碰到"难题"和"坎坷"是常态，因此，需要孩子具备很好的心理素质，这也是只有深度学习才能使孩子真正自信的原因。

父母启蒙孩子要双轮驱动，引导孩子从浅度学习走入深度学习，将学习的重点放在概念的思考和理解上，孩子就会在这种引导下、在探索的过程中提出很多疑问，这是非常珍贵的深度学习的开始，父母要小心呵护。让孩子独立思考不是让孩子一个人思考，而是父母要陪伴和引导孩子一起思考。比如，如果孩子喜欢恐龙，父母可以这样引导孩子：

思路引导：

"恐龙有很多种，你喜欢哪种恐龙呀？"

"我喜欢霸王龙。"

"你为什么喜欢霸王龙呢？"

"因为它最厉害。"

"它为什么最厉害？"

"因为没有别的动物能吃它。"

"没有动物能吃它，那霸王龙处于食物链的什么位置呢？"

"它在最上面。"

"对，它处于食物链的顶端，我们来一起画一画霸王龙所在的食物链的位置吧，看看能发现什么！"

……

由此，我们可以发现在深度学习中，记忆、模仿并不是最重要的因素，因为大面积、发散的、综合的分析、比较、处理信息的方法是非记忆和非模仿导向的。孩子在深度学习中的学习方法要比记忆和模仿导向复杂得多，更多地体现出发散的寻找能力。我们会惊奇地看到，孩子的发散寻找能力其实是深度学习的起点，孩子在思考的过程中会发现很多知识，聚焦、总结很多知识点，并不需要定式思维。

不一样的语言

数学深度学习所用的语言是数学语言，用数学语言思考问题速度很快。

什么是数学语言？表面上看是一些数字、符号、图形、简短文字构成的数学情境，实际上是由基本概念、基本事实、经验、专业逻辑、关键信息组成的群落。

数学语言不是普通的情境语言，比如数学老师教课时写在黑板上的不是数学知识，而是数学语言，数学语言超越了数学知识，孩子需要用数学语言来学习数学，最终形成的数学知识再经过分类、储存、使用，并最终沉淀在数学深度学习空间中成为个人的能力。

普通的情景语言描述的是日常生活情景，只能使孩子心中呈现出日常的情境，没有用数学概念对其进行逐步的替代，比如，有个人开门进了屋，放下书包喝了口水，等着另外一个人进来谈话……这就是以普通的情境连接为主线的语言。而如果换成有个人开门进屋用了5分钟，之后他放下书包喝了口水花了2分钟，等另外一个人20分钟后来找他谈话，这就变成了数学语言，因为这些阐述情境的语言中嵌套着数学概念。

为什么要使用数学语言？因为普通的情境语言没有简化的功能。数学语言有文字、数字、符号、图形，能够很简洁地概括出意思，使大家一目了然，提高思考的速度。杨辉三角如果用普通语言讲的话会啰唆半天也说不明白。但是如果用数学语言来表述就会非常简明。对于数学学习而言，掌握数学语言是特别重要的，它可以使情境得到极大的简化。

在数学浅度学习中，孩子由于天然的惯性会把日常情境语言使用在数学的学习中，一直在营造一种日常情境，一直在对日常情境信息进行分类、处理、使用，发现的是一些日常意义的概念或概念群。老师为了教一节课需要准备很多，也需要想很多，但是如果用数学浅度的学习方式来对待老师的数学深度学习的教学时，孩子其实是不懂的。老师在黑板上呈现的几乎都是数学语言，然而很多学生在学习时关注的是老师讲的普通的情境语言，把老师真正的数学语言当成了数学知识，没有进行深度的数学学习。

进行了深度学习的孩子很多时候不知道自己是怎么解出题来的，有一种方法可以测试孩子是否进行了深度学习，就是让孩子上来给同学讲一遍题，在黑板上画图、做标记，一步步呈现自己的思考。此时，孩子展示的不是浅度学习的状态，而是回顾数学深度学习的状态，需要运用数学语言进行数学深度学习了，动用的脑量、对于题目的理解程度都要远远大于浅度学习的状态。

数学语言并不高深，就是那些符号、图形的使用方法和技巧，就是老师上课时在黑板上日常呈现的内容。孩子在思考数学问题时需要用数学语言替代日常语言，将日常情境转化为数学情境，并在其中进行数学信息的使用、处理、归类，此时才是真正地开始处理数学信息了。

有些孩子数学学习跟不上课堂的进度，因为他们对数学语言不熟悉，处理数学信息的能力较弱，无法进行数学深度学习。当学业任务多起来以后，这样的孩子无法使用数学语言简化大量的信息，学习上就会非常吃力，不是孩子不够聪明或者不用功，是因为日常情境中的信息面太宽、信息量太大了，不善于用数学语言思考的孩子难以在很简化的情境中快速地学习和工作。

我记得在教初一学生数学的时候，学生不会因为我在黑板上写几句话而畏难，但是当我在黑板上简化画图的时候，不少学生开始紧张，他们觉得题目变难了，这个现象非常明显。当我在数学情境中用图形、符号等数学语言讲题的时候，很多学生稍不留神就听不懂了，这是因为数学语言不同于日常语言，数学语言中的符号指代关系有着很大的抽象性和对应性，符号之间的叠加、概念之间的叠加都是比较抽象的，听课时中间有一环落下了，就很难立刻连接上。

日常情境语言之间的缝隙很小，能够互相弥补，中间漏掉几句话也不影响整体的理解，但是数学语言用图形、符号进行指代，在数学情境中不断叠加运行，漏掉一两句就不知道之前的迭代结果了，后面就更听不懂了。这就是孩子认为数学学习比较难的原因。

我们启蒙孩子是为了让孩子能够进入数学深度学习，能够让孩子自主、熟练地使用符号、图形等数学语言将日常情境转化为数学情境，达到这个目标难吗？其实不难，但是其中的每个环节都不能漏掉。

小红用自己一半的零花钱买了一个玩具，又用剩下的钱的一半买了一本书，再用剩下的钱的一半加2元买了文具，最后剩下10元钱，问：小红原来有多少钱？

这种题目需要不断地概念生成、情境变化，不画图很难想，会很累。画完图，我们就能非常直观地看到小红原有12×8=96元。

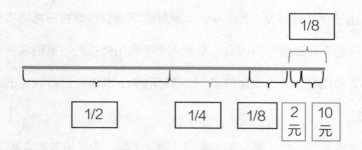

从这个例题中，我们可以发现图形翻译是至关重要的数学手段。这个题目考的是边界，边界清晰地进行比较是做好数学题的关键。

当孩子用数学语言画图、符号指代变得越来越熟练时，他进行情境转化的速度就会越来越快，发现其中的数学意义和数学概念的速度也会越来越快，而且不容易漏掉其中的环节。

一些好老师在课堂上不是照着教材无差别地教学生定理、定义、例题、解题，而是主要展现出自己的深度学习方式和深度学习空间的内容，会反复强调他们在情境中发现的概念和实质，如果你能把握住他们对于基础概念、专业情境、专业语言和信息处理方式的理解，你就能快速和深刻地掌握这门学科。

父母们的工作不同，但是每个人在实际工作中都必须进行专业的深度学习，比如厂房工人对于机床的使用都有着自己的诀窍，手艺人所做的工艺品会越来越精美，等等，大家对于自己所在的行业是有着深度理解的。

由于长年身处某个行业中，大家都会用专业语言将日常情境转化为自己的专业深度学习内容。专业人士不会用外行的日常语言来说复杂的专业问题，因为太啰唆了，他们会用专业术语来进行快速的沟通交流。

我曾经与一位土壤学的专家谈土壤动力学，令这位专家非常吃惊，他吃惊为何我会懂这么多，其实不是我懂得多，只是动力学理论基础与数学理论基础是一样的。我运用数学深度学习空间中的概念来想问题，貌似我们在谈论一个专业，其实不是，我只是能用数学看懂土壤学，因为基础的原理是一样的，我们谈到了基础的张力问题，虹吸现象，含水量、温度的变化导致不同地层发生的变化，不同的温度密度下微生物的区别等。

数学之所以能够使人非常容易地跨界思考，是因为其他学科深度空间中的内容很多是嫁接在数学上的。因此，数学启蒙不是让孩子早学数学知识，而是要让孩子学会这种数学深度学习方法，学会运用数学语言。

第二章　思维的利器

数学深度学习思维

数学深度学习思维就是数学深度学习时产生的思维，所使用的思维工具是数学工具（包括数学概念），是用分类、总结、概括、抽象、推理、数字、变量、函数、因果关系等将日常概念转化为数学概念、将日常情境转化为数学情境来进行思考的方式，数学概念化、数学情境化是数学思维区别于其他思维方式的地方。

数学深度学习思维是人从现实世界走入数学世界时的思考方法，是人认识数学世界时的思考顺序，包括数字、事物的特征，事物特征的比较，等等，事物的比较会越来越脱离实物具体的样子，变得越来越抽象。

数学深度学习思维可以将复杂的情境迅速简化，驱动我们在情境中追求最优的解决方案，从而使心理负担降到最低。数学深度学习思维不是单纯的数学知识或解题方法，而是一种科学的思维习惯，一种敞开式、全方位的情境思考方式，一种可以培养的重要的学习能力。

比如，一些人收拾房间的能力非常强，能够迅速将物品分类、归纳，迅速简化杂乱房间的海量信息，体现的就是数学深度学习的思维方式。

翻看数学史，早在毕达哥拉斯（古希腊数学家、哲学家）时代就出现了比较科学的数学深度学习思维的概念，数学深度学习思维和数学的探索、发现、证明是紧密相连的，但是后者是建立在数学假设基础上的，而数学深度学习思维是在已知条件的情况下继续延伸和发展的。所谓已知条件其实就是情境中的线索。

因此，数学深度学习思维一定是具备非常清晰的线索起点的。当线索发生变化时，思考的路径和结论也会随之变化。所以，数学深度学习思维需要不时地回看已知的前提条件是否发生了变化以及之前的推理是否具有恒定性，是一种强烈的逻辑推理思维。

事实上，我们每个人都具备数学深度学习思维，只是能力的大小不同，我们在工作和生活中都能够将复杂的情况拆解为相对简单的情境和结构逐一地进行解决，这种分段思考的能力就是数学深度学习思维能力的基础，数学深度学习思维是伴随我们一生的。

数学的学习需要一层层的抽象和叠加，孩子能够完成的层级越多，说明孩子的数学深度学习思维能力越强。

人在很小的时候就开始具有数学深度学习思维的能力了，比如，孩子经常会在与父母的讨价还价中使用策略，策略论虽然是一种很高级的数学理论，但是我们对此并不陌生。

"妈妈，我要买这个，我最喜欢这个颜色。"
"不行，你已经有一个类似的玩具了。"
"那买那个吧，那个玩具我还没有……"

我们经常可以在生活中遇到类似上面的情境，孩子与父母经过多次的"谈判"，最终达到让父母买玩具的目的。

事实上，3岁至9岁的孩子已经做好了掌握完整的数学意识和策略能力的准备。这个年龄段的孩子课业上的压力还不大，相对拥有更多时间对身边的事物和情境进行深入的思考，如果能够在这段黄金时期对孩子进行正确的数学深度学习思维启蒙，强化孩子原本天赋的潜力，那么孩子未来的思辨能力、深刻认识事物的能力和原创能力就会比较强。

数学深度学习思维与其他思维方式有何不同？我用一张照片简要展示一下。对于下面照片中的情境，大家会如何描述呢？

不同的描述方式体现了人们看待事物的不同角度，即人的思维方式是不同的。

文学思维：平静的湖面，悠闲的马儿，一望无际的草原，蓝天白云……

画家思维：拍摄的角度，颜色搭配，构图，明暗度……

数学深度学习思维：马匹在干什么？马匹数量？这是哪里？光线照射角度？这是一天中的什么时间？这是什么季节？这个季节的特点是什么？周期……

数学深度学习思维会让我们习惯于思考问题的本质，清晰地看到情境中更多的动态因素。数学深度学习思维会将日常情境转化为数学情境，思考数学类概念、数学类问题、数学类推理和数学类解决方案等，会用到抽象思维、分类思维、发散思维、聚合思维、变量思维等各种思维技能，并且思考的方式并不唯一，因为每一个生活的浅层次情境中都会有很多线索，无论沿着哪个线索都可以继续深入思考下去。

比如，我们在饭店吃饭，这是一个普通情境，有桌椅、装饰品、人、菜品等海量信息。但当我们用数学深度学习思维对其简化时就会发现：1个饭店里有2排桌子，每排有5张桌子，1张桌子通常坐2位顾客……通过抓取情境中的关键概念和元素，我们能够把原来包含很多无分别信息的饭店情境逐步简化。我们不仅可以通过桌子和客人人数来简化情境，也可以通过菜品等线索来简化情境。我们发现，数学深度学习思维能力可以帮助人解决复杂问题，能够运用在人的学习、生活和工作中。

数学的本色——百科迁移

讲到数学深度学习思维的迁移性，首先让我们来了解一下数学这门基础性学科。数学这门学科博大精深，探索了世界上几乎所有事物的基本关系。

有人说任何学科学到一定程度都与数学和哲学有关，数学和哲学的最大区别是数学更加精确，有确定性。而哲学具有模糊性，数学是在模糊的基础上还能够找出更确切的联系和精确性。这种确定性体现在数学能用一些符号来表示比较模糊的概念，而哲学是用大量的语言让人体验，语言的体验容易产生信息的遗漏或冗余。也有人说数学和哲学就是研究方法论的学问，其实数学和哲学就是教人如何思考。学习本身就是研究，不是模仿，是用已有的知识、经验去研究新问题，这就是数学深度学习思维对人如此重要的原因。

在孩子的整个学习生涯中，数学都扮演着非常重要的角色。善于数学思维的孩子往往会展现出理性、客观，沉稳、自信的气质，这都来源于内向性的深度思考，而非人云亦云的浮躁。

事实上，所有学科从根本上是没有文理之分的。即使是大家普遍认同的诸如文学、政治学等文科类学科也都蕴藏着大量的数学内容。比如，政治学中关于权力的研究，传媒学中关于信息的传播速度、模式、互动方式、效率等的研究就都需要用数学来完成测算和推导。更不用说经济学了，经济学几乎就是数学中关于如何取最优值的问题。

我记得著名的经济学家厉以宁先生在他的政治经济学里面提到，他经常和他的太太交流，虽然他的太太是学电学的，但是他从电运行原理和知识中获取了大量灵感，将电传输的基本概念和情境迁移到了政治经济学的情境中，使他产生了很多政治经济学的想法和重要观点，对他的研究帮助非常大。厉以宁先生为什么能够跨专业地进行思想融合呢？因为这种原创思想，无论是电子专业还是政治经济学专业都来源于我们日常生活的基本知识、原理和元素。不同学科之间是可以产生迁移的。

为什么数学如此特殊呢？因为数学是一种语言，是一种能够连接现实和虚拟，以及创设虚拟的语言。人们可以用数学解决实际问题，也可以把数学完全抽离于现实世界加以运用。

数学讲究的是如何在情境中解决问题，它在所有学科中最为古老，因此对其他学科的影响时间也最长。数学历经几千年的发展，在空间的研究上已经多达百维，这种思考维度上的差距决定着数学的思维方式、数学想象力发展的深度和广度要远超其他学科，是其他学科的基石，引领、推动并影响着其他学科的发展。

即使父母们不是特别明白数学的独特之处，但是在潜意识中也都最为关心孩子的数学成绩。大多数父母认为数学是具有独特的标志作用的，认为数学是一种尺度，这种尺度可以用来评判孩子的潜力、智力开发程度，老师教课的好坏程度，等等。

学好数学可以使孩子们通过更深入的思考带来更多的自信，带给他们更为广阔的发展空间，更能增加他们对于自己未来的选择权和自主权。

我有一位比我年长的朋友早年毕业于北京大学，当时他的数学高考成绩是117分，我们当年高考时数学的满分是100分，有两道加试题共20分，大多数学生是拿不到加试题的分数的，因为加试题意味着学生几乎不可能在以前的学习中碰到过这种类型的题目。加试题需要学生在很有限的时间内展示出自己的数学深度学习思维能力，独立地解决问题，因此想要得到加试题的分数需要学生具备较强的数学深度学习思维能力。后来我们在一起共事，我发现他虽然是文科出身，却有着极强的数学情境转化能力，有着数学深度学习的问题解决能力，使我印象非常深刻。

多年以后，有一次我们聊起了当年的高考，发现很多数学学得好的人，他们的文科成绩也非常好，为什么会出现这种现象？因为数学深度学习思维产生了巨大的迁移作用，用它来学习其他学科，能够独立地研究发现不同的问题情境，做出很多有效的深度学习思考。

一篇好的散文拥有不同层次的含义，表面含义、深层含义、人生启迪的含义等，概念之间衍生、唤醒的生长速度很快，能够引发人们的很多思考。比如，在写作文时，他们通常会很独特地创设一种语境，做各种有结构的铺垫，然后展开联想，引入各种问题和概念树立新情境进行辩论和探究，最后用各种各样的方式引人入胜地收尾，这些特殊的收尾方式有时是提出一种新的概念，有时是提出一种新的思考，有时是提出一种新的问题，有时是做更加深入的总结，等等。正是这种无定式的深度学习的思维状态，使得他们的作文充满了张力、情趣和吸引力，甚至远远超出一篇文章所承载的意义，能将人的思考引向远方。

深度数学思维的迁移方式能够直奔事物的主题和本质，概念之间的衍生、生长、联系、多层次串联都遵循着简洁、结构化、有依据、有支撑的方式，追逐事物的基本事实而非细枝末节。这种深究的思维方式和思考习惯会发生潜移默化的迁移，对其他学科的学习起到很大的帮助和推动作用。

数学深度学习思维的迁移分为两个方面，一方面是深度学习思维的迁移；另一方面是数学知识的迁移。

首先，拥有深度学习能力的人都可以进行思维的迁移。比如，一个人具有财务知识和深度学习能力，就会产生财务深度学习思维的迁移，在看待事情、讨论问题、写文章等时都会体现出来。他会首先弄清基本情况、真实情境中有哪些主要因素，然后将其翻译为财务语言，比如翻译为资产、负债、折旧等，将情境财务化，然后会按照财务概念和财务问题的内在关系来进行思考，对问题进行快速的分类和排序等。

运用深度学习思维研究问题会发现初始的情境信息很少，但是经过深度学习后发现信息量很大，会寻找和比较所有未知因素、隐形因素及其关系后才能够比较完整地呈现出情境的真实状态，才能够建立、推理并筛选出优质的解决方案。

其次，是数学知识的迁移。是要将日常情境、工作情境转化为数学情境，运用数学知识和相关的专业知识对静止因素进行深度解释，而不停留在表面的信息上。比如，某公司早期一直亏损，但是市场份额、用户数量却在持续稳定地增加，有潜在的落地项目能够支撑公司的持续发展，该公司不看重当期收入，看重的是未来的市场份额占领，公司当期盈利5000万元。在这个事例中如何进行数学知识的迁移呢？

任何数字的含义都是有条件的。对于公司当期盈利5000万元而言，这个数字本身没有什么含义，一定要加上其他条件才能产生解释的意义，比如，如果公司目标市场已经开发了80%，则盈利5000万元+80%的目标市场开发度＝潜力有限；如果公司目标市场只开发了10%，则盈利5000万元+10%的目标市场开发度＝潜力巨大。

很多公司的总架构师、高管都有着深厚的数学学习背景，他们运用数学深度学习思维为公司解决问题。我在公司开会解决复杂问题时也是一样，在黑板上展示完思维的架构后，让各部门人员分头行动，然后再次开会进行修正或者重新制订计划，每次会议时思考展示的都是我的数学深度思维能力。

扩张式学习

小学四年级、初一下学期或者初二、初三时会出现一种现象，原来数学学习成绩不太好的孩子突然出现成绩上的大幅提升，从中下游直线上升到班级前几名，这与浅度学习和深度学习方式是有着巨大关系的。

数学是一门逻辑的学问，而算术是一门计算的学问，小学一年级到三年级的数学课主要是教算术。因此，采取提前学习方式的孩子在四年级之前的数学成绩是容易领先的。到了四年级以后开始接触真正的数学内容时，没有接受过数学深度学习思维启蒙的孩子思考问题的速度就会比较慢，对数学情境中的内容不熟悉，因为题目中开始涉及很多问题了，问题中带有大量的情境逻辑。

此时，具备数学深度学习习惯的孩子对于数学应用题中的情境逻辑能够理解得很快，他们会同时用深浅度学习的方法来学习数学，也会对照、比较、形式推导。这就是为什么有的孩子从四年级开始突显出在数学学习上的优势。

初一、初二时数学开始学习未知数、方程等内容了，而且还增设了很多学科，比如物理，物理和数学很像，此时这些数学和类数学课程的抽象程度大幅增加，学生之间的分数差距开始加大。究其原因，除了深浅度学习方法不同之外，还存在着内缩式学习和扩张式学习的学习方式的不同。

什么意思？大多数学生在老师讲完课、讲完例题后会拼命复习原题，进行内缩式学习；而有些孩子则会超越老师所讲的内容，涉猎百科地看参考书，超越课上的内容，拓展自身的眼界，在探索的过程中锻炼自己的观察、比较等多种能力，这种向外扩张的学习方式对数学以及其他学科的学习都产生了很大影响。

内缩式学习就像揉面一样，向内反复地揉，会使面越揉越筋道，在现有的知识下反复锤炼、比较、练习、做题，精益求精，对于所学的内容、题目的变形都非常清楚，但是没有"出圈"。

内缩式学习和扩张式学习方式都很重要，父母、老师通常比较喜欢内缩式学习的好学生，学习扎实，而扩张式学习的孩子会自己看参考书、自己独立寻找，甚至远距离地、无相关性地寻找，能够跨越很多的边界、约束、已知关系、距离、各种可能性等，储备下很多思考准备。

浅度学习和内缩式学习方式大体上是一起进行的，这类孩子通常比较听话。扩张式学习的孩子兴趣广泛，对很多不相关的事情都很感兴趣，这类孩子会独立自主地寻找，会尽可能地去探索未知、不确定因素的信息，不会受距离的约束而只做近距离的探索。就像工程师给山修路一样，一定会看远处的信息、不相干的信息、天气的信息、人走过的信息、野兽走过的信息等，在一个大的任务体系下对所有信息进行独立的加工。

浅度学习、内缩式学习的孩子往往可以学好小学一年级到三年级的学习内容，但是四年级开始出现大量应用题，需要用到情境逻辑的时候，单纯用比较模仿、习题式的学习方式就开始出现困难了，数学学习就会变得很吃力。

从小学三年级开始，数学课程的内容本身就是扩张的，由算术向外扩张，并且扩张速度越来越快。

小明家到学校的路上，每隔8米有1棵柳树。小明从学校坐车回家需要半小时，从看到第1棵树起到第153棵树止共花了4分钟，小明的家距离学校有多远？

这种应用题绝非仅考计算，其中含有很多数学概念，比如距离、速度、间隔、时间等，概念的增加和扩展就意味着思考边界的延伸，需要将更多的因素纳入思考的范围内，需要日常的扩张式学习和数学深度学习习惯，才能熟练地驾驭众多的思考因素。

解决这种问题，孩子需要在日常生活中理解速度、距离、时间等概念，思考过这些概念之间的关系，这道题其实考的就是基本常识，只是其中的因素比较多，首先我们要用数学语言对其进行简化。

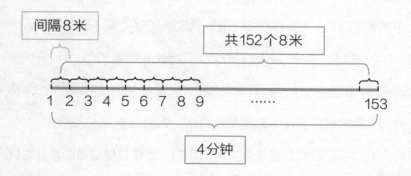

解题思路：

车在4分钟内通过的距离=8×152=1216米；

车的速度=1216米÷4分钟=304米/分钟；

则家到学校的距离=304米/分钟×30分钟=9120米。

在这个情境中，车速是一个隐藏的中间变量，当我们用数学语言简化后，会感觉非常直观，如果只看文字，思考就会反复地被打断，需要反复地加工信息，会感觉很累。

有人问，如果孩子采用深度内缩式的学习行不行？不行，因为这样还是在原有的范围内，能够把一种类型的题目做得很熟悉，能力虽然很强，但是不足以应对内容的大幅度变化，这样的孩子需要的是调整学习方式，要看更多的参考书、接触更多的信息，要打开思路做更大范围的探索、尝试、总结。也就是深度学习并不能解决一切，还需要配上内缩式和扩张式的学习方式才行。

初一上学期是一个承上启下、给孩子过渡的学期，课程内容虽然比小学多了，但还不是特别多，小学的成绩还存在着一定的惯性，而初一下学期以后，孩子们的差异开始呈现得比较明显了，分水岭开始出现。初二、初三以后，学业量、学习种类、学习广度、学习难度都大幅上升，所有学科都提高了对学生的要求，尤其是数学和类数学学科，仅有内缩式学习方式的孩子会觉得很吃力，尤其是那些老师说什么自己才做什么的孩子学习上会非常被动。在孩子成长的过程中所面临的学习挑战是学科抽象性的不断增加，越来越脱离具体情境了。另外，新领域中会出现大量不同类型的新概念、新学科体系、新视野。什么样的新视野？就是要将各个学科综合起来看问题的视野。从小学四年级开始，有几个变化也会影响孩子的学习方式。

首先，随着孩子生活区域的扩大，孩子的社会认同、自我认同感发生变化，孩子内心的向外扩张生长需求急剧增加，孩子的独立感越发强烈。

其次，孩子会产生新的志向，孩子的志向是不断变化的，孩子急切地想看到世界到底是怎样的，内心对于探索世界有着强烈的渴望。

再次，孩子的生活话题、学习话题也在发生改变，从小时候关注玩具、游戏等具体事物转变为更加关注未来做什么，体现出自身的事业观，并且出现糅入了很多学科内容的、新的思维语言体系。

最后，从初一到高三，孩子每升一个年级都会清晰地意识到自己所处的台阶不一样了，而不像小学时那么模糊。

所有这些变化其实都在要求着孩子跨越各学科的边界，将其互相融合、互相渗透，此时仅仅依靠内缩式的学习方式就会制约孩子的发展。

父母的启蒙是要让孩子学会深度学习和扩张式的学习方式，后者虽然老师在课堂有所展示，但是孩子很难自己体会到或者很容易就把它屏蔽掉了。扩张式学习方式是教出来的吗？不是，是深层次启蒙出来的。我宁肯损失一点孩子暂时的考试成绩，也要在孩子小的时候花心思来启蒙其深度学习和扩张式学习的能力，因为我知道经过精心启蒙的孩子未来的爬坡速度、加速度会非常快。

孩子未来的学习效率是和加速度直接相关的，而不是和学习速度相关。钟兆林先生的启发式教育为何在大学里产生了那么好的效果，培养了一批栋梁之材？就是因为这种启蒙会使学生的深度学习能力非常强，并且同时具有扩张式学习方式的特点，学习的加速度越来越大，越往后越厉害。

独立自主思考越强的人、受思想约束越少的人，未来取得的成绩越大。

从小被启蒙得较好的孩子到了初中、高中、大学时就会显示出很强的加速度，也有在后面才显示出加速度的传奇人物，这些人的深度学习能力和扩张式学习方式所起的作用越来越大。

父母要考虑的是孩子未来的长远发展，也就是大家常说的要为孩子计议久远，这是父母的核心价值。父母要在陪伴孩子的过程中不断提醒孩子关注老师的思维过程、胸怀、眼界、成长方式等，要看到老师这个工程师是如何在荒山上铺好路的，而不是只知道记住老师的解题路径。

　　启蒙是一个非常长期的过程，父母要给孩子展示出榜样的力量，即深度学习能力、扩张式学习方式和生活精神，这种榜样的力量能够指引孩子一生，使孩子在未来走入漫无边际的茫茫人海中时，虽然陌生、孤独、孱弱，但是坚强和乐观，使自己的生活路径能够持续地、不断地加速向上，在这个世界上活出自己应有的自信。

第三章 数学深度学习空间

建立数学深度学习空间

数学深度学习空间是数学深度学习的结果，这个空间中存储着数学深度学习中积累的各种信息，包括经验和事例信息，分类辨识的信息，发现过程中的试错、探索和分析各种思维工具的信息，概括和结论的信息，概念和提问方式的信息，知识信息，能力使用、体验的信息，甚至是独立发现的精神和自信。

如果用很简短的语言来展示，那么数学深度学习空间中有我们自己发现的数学类概念、数学类问题、数学类推理、数学类解决方案信息以及在发现过程中的各种体验信息。

事实上，数学深度学习空间中储存的信息特别多，因为在深度学习、独立研究的过程中，问题、情境要求我们灵活地使用各种思维方式，包括抽象思维、发散思维、聚合思维等，我们会不断地试错，尝试各种推理以寻找到最优解决方案，那些思考的成果信息、半成品信息、过程信息和各种体验信息等都留在了数学深度学习空间中。

比如，当我们自己独立做完一本数学题集时，我们的数学深度学习空间中留下的最重要的信息不是会做的题目，而是自信心、思考方法和思维能力提升的愉悦感。

数学深度学习中会产生海量的思维，非常复杂、没有定式，能够突破所有困难、发现有效路径的海量思维能量巨大，能够带给人真正的自信。自己能够独立做题与自己能够模仿做题差异巨大，在数学深度学习中可以用0和1来表示，不能独立做题的人其能力连0.1都算不上。

数学深度学习空间中数学信息、能力信息、学习信息不是简单的书本知识，不是会做这道题了，而是能做这道题了，而且是能做很多不同的题了，从而体现出真正的自信。

数学深度学习能力的培养过程就是内心的体验过程，一个人如果没有自己的数学深度学习空间，那么他几乎就没有属于自己的数学信息，这是我们要让孩子极力避免的事情。

公司在招聘的时候为什么要看一个人的从业经验？一个人从事某项业务多久、在什么样的公司工作过、工作过多久能够比较形象地说明这个人可能建立了自己的专业深度学习空间。那些经营难度大而又运转高效的公司里几乎没有常规问题，职员每天都会碰到新问题，都需要深度学习，所以，他们的专业深度学习空间中积累的信息就会格外多，解决复杂问题的能力就会强。

学习就是研究的代名词，就是从不会、不知道开始研究，目的是要自己学会，就是要建立起自己的深度学习空间。

每个人都有不同的深度学习空间，我是用自己的数学深度学习空间建立起了投资、金融、管理等专业深度学习空间。很多人虽然没有数学深度学习空间，但是都在日后长期的工作中建立起了自己的专业深度学习空间，比如销售人员拥有市场营销深度学习空间、工程人员拥有工程深度学习空间等，专业深度学习空间里面储存着各种专业思维、专业自信、思维组合能力和经验。

在专业深度学习空间中，除了专业知识外，最珍贵的就是个人的深度学习的思维能力、大量的实践经验和思维探索经验，包括分类、总结、概括、试错、调整、自我否定、自我纠正、重新思考、敏感能力等。工作中，有些人非常敏感，当别人尚未开工时就知道方案是否可行，这种能力就来源于专业深度学习空间中积累的经验。

人在一生中很难躲开深度学习，很多人有意无意地使用深度学习的方法建立起了自己的专业空间，虽然不是特意建立起来的，但是都建立得很好。父母可以回忆一下自己是如何建立的，就会知道如何帮助和引导孩子建立自己的深度学习空间。

跨越黄金边界

练就数学深度学习思维需要让孩子从现实世界跨越障碍走入数学世界，才能逐渐建立起自我的数学深度学习空间，我将这个障碍称为黄金边界，因为跨越这个障碍具有极大的价值。

首先，什么是数学世界？数学世界绝非仅存在于课本和练习题中，而是真实地存在于现实世界中的，它其实是剔除了现实世界中大部分五彩斑斓的信息，进而形成一种包含抽象符号的至简世界，由数学概念、数学问题、数学推理和数学解决方案组成。

翻开数学书，孩子们就会看到数学世界，里面充斥着各种由数字、符号组成的概念，而这些其实都来源于生活。

数学概念是简化和抽象了的生活概念，比如数字、速度、时间、密度、长度、比例等，如果直接跟孩子说这些数学概念，孩子会感到很陌生，但是，只要把它们搭配上生活概念就很容易理解了。比如，筷子的数量、汽车的速度、玩的时间、水的密度、桌子的长度、胳膊与腿的比例等。

同样地，数学世界中的问题、推理、解决方案也都源自生活，是源于人们在生活中解决问题的思考。

为什么要走入数学世界？因为只有对数学世界中的数学概念、数学问题、数学推理、数学解决方案都有自己独特的理解后才能建立起自我庞大的数学深度学习空间。比如，对于比例的数学概念，每个人的理解程度是不一样的。对于营销师来说，比例的数学概念是销售完成率；对于会计师来说，比例的数学概念是资产负债比；对于理发师来说，比例的数学概念是头发的长度和脸部的比例……

成人可以将比例的概念运用到生活工作中去，孩子也需要具备这样的能力。父母要在生活中帮助孩子建立起这种辨识数学世界的意识，让孩子能够长期地用数学眼光看待一切，浸泡在数学世界中深入地理解和使用数学信息。

想要从现实世界走入数学世界并不容易，这需要将现实世界中的信息进行科学的简化和迁移。比如，现实世界跑步的生活场景，在数学世界中对应着速度、速度差的抽象概念；现实世界中分水果的生活场景，在数学世界中对应着数量、数量差的抽象概念；现实世界中整理书桌的生活场景，在数学世界中对应着分类、归纳、空间、有限的抽象概念等。

这个简化和迁移、抽象的过程会在人们从现实世界进入数学世界时建立起一个很大的障碍，即黄金边界。越小的孩子，跨越障碍的难度越大。

现实世界中的孩子都是大师，能够进行复杂的、多层串联的、远距离多维度的概念联想，他们的推理能力极强，思维的长度也很长，

甚至能够一下子连接五六个概念，比如，孩子会从吃饭想到玩、玩伴、玩具、地点等概念。

那么，为何在数学世界中就做不到呢？仅仅是因为数学信息的处理能力不强吗？不是的，这是因为孩子没有从现实世界越过黄金边界进入数学世界，没有建立起自己的数学深度学习空间，也没有形成数学深度学习思维，头脑中没有方程、概念、推理。

我到了这个年纪对于现实的世界已经不太关注了，能够很快地将其转化为各种概念、问题、推理，出具解决方案的速度很快，就像孩子在现实生活世界中的思考速度一样快。

我经常需要解决复杂的问题，比如金融、投资、管理等问题，经常会面对多层次、多群体的数字交叉和冲突，并受到多种新派生概念的影响。如果我不能越过黄金边界，在数学世界里看待问题，我就无法持续、稳定、精细地处理多概念迭代的复杂问题，因为精细意味着概念深层意义的变化。

在数学世界中，精细能够使孩子理解和掌握层次截然不同的概念。孩子可以在生活中理解的很多概念其实只是基本含义，而无法做到理解一个概念下套着的众多概念，特别是这些概念还可能在不同的条件下有很多变形。

孩子需要从现实生活的情境世界越过黄金边界走入数学世界，抽象地用概念替换、推演、叠加去替代原有的现实世界中的图形叠加思考方式，头脑中和视野里要有诸多的数学元素，要用概念、问题、推理、解决方案这些数学元素来建设自己的数学深度学习空间。我举个例子来说明什么叫作越过黄金边界走入了数学世界。现实世界中父母带孩子出去玩，这个情境中的概念有：什么时间去？和谁去？去哪个公园？在公园里玩什么？晚上去哪个饭店吃饭……这段时间内的所有场景都可以用图像展示，时间的取向是单项的。进入数学世界后，我们可以用最简单的语言陈述几个生活概念，那就是聚会、游玩、吃饭……同时可以加入很多数学概念：

速度——吃饭的速度、游玩的速度、开车的速度；

最优路线——玩游乐设施的最优路线；

最短距离——从公园到达饭店的最短距离；

最多——同一时间段内哪种安排方式能够游玩的项目最多；

最优时间段——公园下午哪个时段人最少，能够玩得更痛快；

最佳饭店选择——距离公园近、口味好、干净……

不难发现，数学世界中不再是将原本图像化的现实生活情境进行简单的过滤式思考了，而是会将大的时间段进行拆分思考，通过很多数学概念、问题、推理后，改变了原来看似单项的世界，可以重新搭配组合，时间的取向可以发生改变或跳跃，进而得到非单一的最佳解决方案，比如先吃饭再玩等。

想要形成这样的能力，孩子需要经过正确的启蒙，跨越黄金边界进入数学世界，运用数学深度学习思维建立起自我的数学深度学习空间。

如何才能越过黄金边界呢？这需要联想的生成与成长，联想就是概念的联想。

比如父母告诉孩子要外出就餐，生活情境世界中联想的生成和生长是：

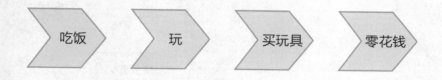

当越过了黄金边界，数学世界中概念联想的生成与成长是：

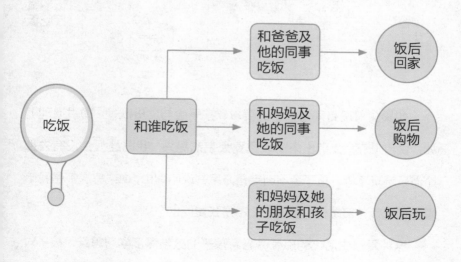

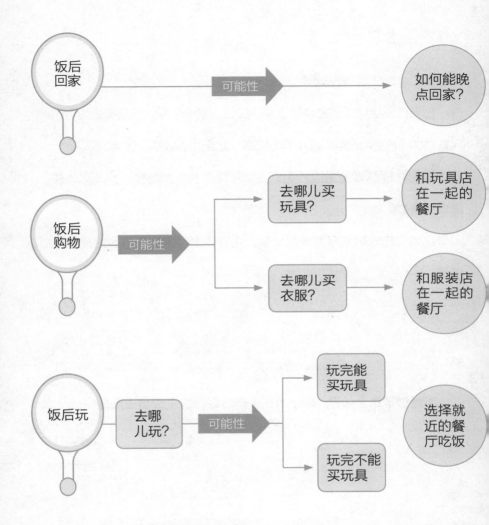

如果父母没有同意孩子的要求，孩子会与父母推理（即讲道理），如，快过节了，我们出来吃饭是要大家都高兴，我已经很久没有去那个游乐场玩了等，孩子会不断完善方案并说明理由，如"每次都是我陪着你们吃饭，那是你们爱吃的，不是我爱吃的"等。

这种看似生活化的思考透露着孩子的数学深度学习思维，孩子对外出活动的时间段进行着预测、分段思考、分析各段活动的可能性、各段活动的连接紧密程度，甚至调换各段的活动顺序，并按达到最终共赢的目的进行推理，这就是数学!

为何说越过黄金边界才会产生珍贵的数学深度学习思维？因为数学深度学习思维的特点是基本概念的联想和生成并不是单项的，而是用概念生成概念、用概念生成问题、用概念或问题生成方案、用问题生成推理，并且之间可以互相交叉。

当这种思维开始成形时，父母要带着孩子拿起笔画一画这些表面上的生活问题，因为这些问题都可以转化为数学形式，这种至简的暗示效应非常明显，让孩子拿起笔边画边说，画得乱、无序都不要紧，只要孩子开始拿起笔画了就已经超越了其他没有动笔的孩子了，有了这个意识，孩子以后一定可以越画越好。

我们的目的是要帮助孩子跨越黄金边界，建立起自己的数学深度学习空间，里面要有符号、数字、概念、问题，要简洁地表达这个世界而不是仅靠口头语言的表述，虽然口头语言的表述很重要，是出声的思维，但我们要让孩子知道什么是看得见、摸得着的自己的数学深度学习空间世界。

只有当孩子拿起笔边说边写的时候，这个数学深度空间才是属于孩子自己的。这个简洁的数学空间中带着概念、数字、符号、问题、推理、方案，剔除了很多无关的信息。孩子动笔谱写的自己的数学深度学习空间会越来越大，会看到最优路线、最优速度、最优方案、最优的解决方案。

数学世界在哪里？请把纸铺开，开始进入符号的简洁世界。比如，可以用画曲线表示环路、画直线表示公路，走公路近但速度慢，走环路虽远但是速度快，我们可以用这种方式让孩子尝试去规划从家里到饭店的路线。

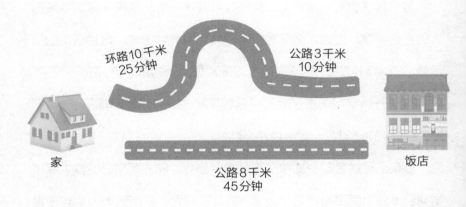

很多人一生都在训练自己的日常思维，在生活中很精明、主意很多，但是只有爬过黄金边界的山脉才能到达真正的数学世界。日常思维训练虽然与数学深度学习思维有着很大的关系，但是后者才能深入发现和理解完整情境中的抽象化概念和问题，能更加快速和多维度地认识事物本质，搭建起各种解决方案，所有这些信息都将储存在个人

的数学深度学习空间中。

如果一个人能够长时间浸泡在自己的数学深度学习空间中，那么他想事情、看待问题就会透彻得多，在现实生活和工作中也能够很快地搭建出比较完美的解决方案。这些人在思考复杂的问题、矛盾的问题、叠加的问题、大的问题、难的问题时会首先将情境中的信息简化进入数学世界，会拿着笔在白板上列出概念、问题，寻找因素间的各种关系，而不是光靠语言去说，因为此时语言已经不能够简洁地表达世界了。

进入数学世界后，现实世界中的因素会变得简明，精确地诉说着事物的本质。哪怕是5双筷子、5只兔子都是在精确地描述事物。

数学世界中的问题永远是指向概念与概念、现象与现象之间的空缺部分，使人能够体会到冥想、安静的快乐。孩子在日常生活中的思考可以自如地穿梭在多层次的概念和问题中，快速地联想，语言和图像的处理能力极强，但是仅限于模糊地理解，这种模糊就意味着孩子对于数学世界是极其模糊的。比如切点对应的生活情境是拐点，但是切点在数学世界中可以衍生出切线、斜率等概念，这些概念是日常生活中的概念无法衍生出来的，也就是日常生活世界相对于数学世界存在着的巨量的概念缺失。

现实生活中的聪明、人情通透只涉及了数学世界中的几个初始概念，而远远不能满足处理复杂事情所需的概念和问题的数量。

具有数学深度学习思维的人在写文章、分析问题时条理清晰，追索问题的本质，不会过多地描述表面现象，因为其潜意识中就看重概念性的理解，不只是用推理来构建思维过程，而且是更多地用问题、反问来寻找证据，从而体现出深厚的洞察力。

如何让孩子跨越黄金边界建立自己的数学深度学习空间，拥有自己的数学深度学习思维？父母不能只让孩子看数学书，要和孩子在纸上画概念、问问题、找理由，搭建解决方案，用变化的数字代表的含义（比如快慢）进行数学空间的启蒙和建设，否则孩子合上书后头脑中就不会有数学世界，最多是会做几道题而不会真正地思考，也不会产生向其他学科的迁移学习现象，万事万物在其头脑中都是比较分散的，无法综合起来学习或者考虑问题。

拥有数学深度学习思维的人会自我驱动地去发现概念、衍生概念，再用概念产生问题、用问题产生概念、用概念产生推理、用推理产生问题等，不断地碰撞激荡，激发出最优的解决方案。

例题：

两个人在操场跑步，如果从起点开始同时同向出发，两人8分钟后相遇；如果从起点开始同时反向出发，两人4分钟后相遇，则两个人跑步的速度比是多少？

这种题目描述的情境本身就在进行着概念的不断叠加，从同时同向叠加为同时反向，相遇的时间也发生了变化。我们在思考这类问题时需要沿着概念前行，即：同时同向出发对应的概念——速度差。相当于一个人不跑，另外一个人用速度差跑了一圈距离；同时反向出发对应的概念——速度和。相当于两个人用速度和消灭了一圈距离。当我们沿着概念找到情境中的关键信息后，解题就很容易了。

关键点：两人速度差是8分钟跑了1圈；
两人速度和是4分钟跑了1圈；
两个情境下的距离是相等的，都是1圈。

解题思路：
假设两个人的速度是 x 和 y，
则 $(x-y) \times 8 = (x+y) \times 4$，
得到 $x=3y$，即双方的速度比是3或者1:3。

越过黄金边界后，孩子会非常容易地理解博弈论、模糊数学、运筹学、系统论这些看似高深的学问，因为每门学问都是从最基础的概念开始演进的。

在从日常生活中将概念向数学世界迁移的时候，孩子需要将自己的发现放入数学深度学习空间，就像放东西的时候需要有架子一样，孩子要拿着笔边想、边说、边画，用出声的思维呈现，数学深度学习空间其实是帮助人思考的支撑物。

我很幸运碰到了好父母，当父亲打开书的那一刻我就知道那是数学世界了，我要从那里面汲取营养建设我的数学深度学习空间，我做完题会闭上眼回想这个题的基本概念、基本推理是什么，我会反复地想，而不会出现把书合上数学世界就消失了的情况。我也用这种方法教孩子，带着孩子把现实世界用一些简洁的符号、数字、线条、问题、推理、概念画下来，向孩子提问，讨论不同的解决方案，建设自己的数学深度学习空间，而不是打开书走入别人的数学世界看看后就出来了。

我不主张快速培养孩子，在我看来，只有在慢速培养的情况下才能将那些最重要的东西一点点地渗透到孩子的头脑中，孩子未来无论上学、生活、工作都不用害怕无法胜任。

父母带着孩子做题不是为了产生愉悦感，是为了启蒙。启蒙什么？就是要启蒙孩子越过黄金边界、进入数学世界，用数学深度学习思维建立起属于自己的数学深度学习空间。

孩子的数学深度学习比拼的是什么？第一个就是对基本概念的理解程度，很多孩子即使做了很多题，碰到新题后还是不会做，因为他们没有真正地理解那些数学概念，比如，孩子不理解出租车的收费规则就做不出分配乘坐出租车费用的题目；第二个就是问问题的能力，无论是学习，还是工作，一个人反问、探究、循着数学线索向前寻找的能力都非常重要；第三个是推理能力，概念和概念、线索和线索的比较，寻找之间的空隙，使概念一步步生长，找出下一步的主题；第四个就是出具解决方案的能力。

父母在给孩子讲数学概念之前自己要先深入地理解一番，为孩子丰富地展现出来，帮助孩子建立起自己的数学空间。数学是对未来处理复杂工作能够提供重大帮助的一门学科，数学不像其他的学科那样显性，数学世界是一个间接性的世界，非常隐性，因此除非越过黄金边界，否则难以看到。

数学世界中的概念虽然来源于现实生活，但是要比现实生活中密集得多。孩子要经常待在这个隐性和间接的世界中，经常使用，增加熟悉度，才能像处理其他学科信息那样具有快速的处理能力。

进行深度推理

数学深度学习空间中的推理与数学浅度学习空间不同。很多人直觉认为数学系毕业的人的推理能力一定很强，但是请各位想一想，你在学数学的时候学推理能力了吗？真正回忆的时候，我们就会发现其实当时只是学习了数理和形式推导，我们通过例题来理解定义、定理的使用，学得最多的是推导、套用和比较，会使用定理、公式，将公式变形，但是这些只是形式推导。

什么是推理？推理就是将自己理解的道理运用到新情境中去，没有事理逻辑的基础，数理逻辑和形式逻辑的训练只是空中楼阁，我会在下一本书中为大家讲解隐形的逻辑世界。孩子不懂事理逻辑就会感觉逻辑非常模糊，分辨不清逻辑的依据，只是依靠直觉在进行推导，比如将$3+X=6+Y$推导为$X-Y=3$，这不是推理，推理含有更多的可识别的逻辑结构和逻辑基础。

推理对于人生更为重要，而上课时学习的是用一些公式、已知条件的搭建和变形推导，包括添加辅助线等，这些手法对于考试、解题是有用的，但是并不算是深度学习的领域。

孩子懂得数学语言、能够跨越黄金边界到达数学世界并不意味着孩子就能进行深度的数学学习了，孩子懂了符号、图形、简洁的文字，勾画出了数学情境后只是能够更为简洁地进行形式推导了，但是推导中的逻辑含义极其微弱和简单，我们虽然能做出一道题，但是却很难说出里面的逻辑关系，也就是我们在没有意识到逻辑的情况下将之推导了出来。记住推导的例题、方式以及推导线索的先后顺序，使孩子误以为自己会推理了，其实只对推导数学解题有用，对于数学概念和定理的理解几乎没有用处，这种数学浅度学习也很难迁移到其他学科的学习中。

跳水比赛一共有8名裁判打分，有一位参赛选手得到的平均分是9.6分；去掉1个最高分后的平均分是9.55分；去掉1个最低分后的平均分是9.7分；则该名运动员得到的最高分和最低分分别是多少？

这种问题其实就是思考总分和平均分之间的关系，这就需要用到推理。同样，我们可以先用数学语言画图简化。

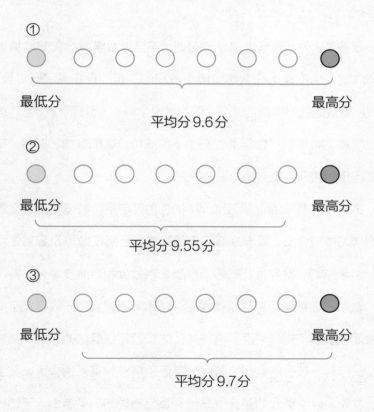

① 最低分　　　　　　　　　　　　　　　　最高分
平均分9.6分

② 最低分　　　　　　　　　　　　　　　　最高分
平均分9.55分

③ 最低分　　　　　　　　　　　　　　　　最高分
平均分9.7分

画出数学简图后，题目就一目了然了，我们可以将平均分都转化为总分来进行简化思考。

很多人认为学数学就是做练习题，不懂得数学概念和数学情境的基本含义，也不懂得在数学情境中发现的定理，只是做了可以模拟、比较、重复的推导思路的练习，这是学数学吗？这不算学数学了，这是学数学题。如果孩子懂得上道题中平均数和总数的概念、关系，就能将其运用到对于万事万物的思考中去。

推理作为数学深度学习空间中的能力，与推导的差别是什么呢？数学学习中的含义、概念来源于自然科学、自然现象以及日常生活现象（也叫事件），数学最初的起源就是观察社会和自然界。

数学的深度学习其实是很慢的，就像大家建立自己的专业空间也是需要很长时间的，里面不是碎片化的知识和规范化的思维。我曾经说过父母对于孩子的教育是事例教育还是事理教育差别很大，数学最初的发现、数学概念的源头就是一些反复出现的典型事例，无论是社会中还是自然界中的事例，这些事例引起了人们的注意，事例的结果可以重复、复查、再验算，当大量的事例呈现出内在的规律和道理时就形成了事理。

事例的学习是很模糊的，但是当人学习了众多事例后，就能总结出相似事件的事理，当多个道理呈现时，人就会做出更多的归纳和推理。当人对于事例和事理都很明白以后，就会开始形成向概念、概念群、数字过渡的过程，推导出很多总结、概念、带有数字的概念、带有数字的概念群，至此，数学的推理基本成形了。

推理一定是自己的思考，而不是模仿、比较他人的推导。推理的路径绝对不是在抽象的、可视的公式中进行加减乘除的形式推导。我们做了那么多数学练习题，却还是不知道其中涉及的逻辑，让别人和自己确信的方式都非常模糊。深度学习就是要还原对于事物独立思考的追寻，追寻比较事物的本质，特别是从相同事物的本质中发现共同的规律。

推导则不需要完全的自主思考，无论模仿还是比较，都是对于自我独立性掌握信息的浅度要求，也许题目很难，但其实对于逻辑推理的要求很低。经过多年的数学学习后，我们对于逻辑的整个秩序、过程和掌握程度依然很低，很多人也由于没有建立起数学深度学习空间从而无法对其他学科产生大面积的迁移效用。

逻辑思维、逻辑推理不是推导，推理是自主发现、自我总结的过程，涉及大量的分类、聚集、发现相同和不同的过程，推导则是在已知条件的基础上做一些计算、修饰和变形，实质上已经脱离了推理，会使孩子对于推理的认识大幅简化。

如果孩子从小接受的教育中只有推导而没有训练事例、事理的发现和事理的运用，以及在事理比较的过程中发现的向概念群、带有数字概念群的过渡的话，那么，孩子就很难具备推理能力和深度学习能力，会失去在深度学习中锻炼自己分析问题能力的成长机会。这样的孩子会做题但是不会分析事情，不会看事情；会比较例题，但是不会比较事情。不会比较条件，不会比较结果，不会比较事情发展过程中的百花齐放和偏差的意义。

例题：

有6个自然数，前5个的平均数是58，第6个数是这6个数的平均数再加上5，请问第6个数是多少？

这类题其实考的不是计算，而是对于数字之间偏差的深层次的理解，能够展示出很强的推理能力。前5个数的平均数是58，意味着前5个数可以同质化，都可以看作58。

平均数58

接下来，我们可以假设6个数的平均数是x，则第6个数就是$x+5$。

58   58   58   58   58 $x+5$

上面的步骤是比较容易想到的，下面的推理就要体现一个人对于差异的深层次理解的能力了。

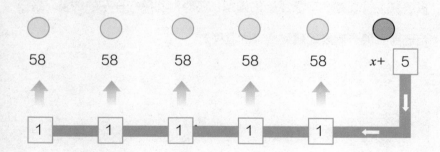

解题思路：

第6个数比平均数多5，5这个差异如果分到前5个数身上是每个数得到1，于是前5个数就变成了59，第6个数减去5就是6个数的平均数，即59；所以第6个数是59+5=64。

由此可见，数学深度学习空间中的推理能力和数学浅度学习空间中的推导能力是截然不同的，数学深度学习空间中的推理能力能够还原事情本来的生长和演化顺序，也就是真正的逻辑关系。

逻辑不是随意想的，一定是要有依据的。逻辑可以依据真实生活和自然发生的顺序，也可以依据通过中间加入不同的变量概念重新改变方向的思考顺序，逻辑是从概念出发认识世界可能性全貌的重要手段。推导则是非常形式化的、可比较的模式变形，对于孩子深层次地认识、研究世界，独立思考没有太多帮助。

推理是要依据一定的道理进行推演，要研究事物、看待事物、分拆事物，发现和学习最原始的问题，还原世间最初样子的情境，是要自己独立地走完发现最终结果的过程。

第二部分

Part2

父母的启蒙

　　是父母把孩子带到了人世间，在一定程度上，父母要对孩子一生的发展负责，这是超越了爱的责任。父母的启蒙是不可替代的，父母的陪伴和引导能让孩子感受到无限的爱，为孩子带去无限的发展能量。我在本书中讲到的所有内容都是为了启发父母思考如何能够为孩子带去更为长远的教育，这需要开启父母的深度学习能力，请父母们跟随我的研究脚步慢下来思考和体验，想清楚那些基本的关键事实，为孩子开启充满积极动能的一生。

第一章　我的孩子足够幸运吗?

我的孩子能学好数学吗?

答案是肯定的。每个孩子在潜意识中都拥有巨大的数学能量。比如，当孩子看到妈妈走远时，会下意识地寻找一条最短的路径跑过去追上妈妈。在这个过程中，孩子知道：妈妈步行的速度和自己的不同，自己需要改变步行速度才能追上妈妈，会在途中采取路径选取、停下、转弯、躲避、加速等一系列策略和行为……这些简单生活动作的背后却演绎着极为复杂高深的数学深度学习思维，这是孩子们非凡的数学天赋。可以说，孩子们在日常生活中都是数学天才。

作为父母，我们的任务就是要把孩子这种在日常情境中的非凡能力保护好，并有序地引导开发出来，帮助孩子将下意识的思考和行为变为有意识的思考和行为，使之成为孩子在复杂情境中解决问题的能力。

在我们的日常生活中，其实到处都存在着不同的数学情境。走路的快慢是速度问题，多久到达是时间问题，踢球是弧度问题，光线的照射是透视问题……

当我们引导孩子学会把生活情境转化为数学情境后，孩子们就会觉得好玩、容易理解，并会逐渐形成数学深度学习思维方式，在面对某些问题时可以很快地看到问题的本质。

　　既然每个孩子都有数学潜力，为什么在培养孩子的数学能力这件事上大家会觉得非常难呢？这是因为数学能力需要用语言创设出数学情境，人在面对语言情境时很容易将之转化为日常情境，但是在没有经过训练的情况下却很难将之转化为数学情境。而日常情境中的联想和数学情境中的联想不同。

　　语意推理容易在事件中打转儿，很难完整、不漏细节地推演出完整的数学情境。比如，在面对"牛吃草"的问题时，如果只是用语意推理，我们只能想到天气不错，草原上的草很茂盛，有一群牛在吃草，牛很高兴，等等，但是却想不到这个情境中存在哪些变量，这些变量之间有什么关系，因此也就无法得出这片草原能同时容纳多少头牛吃草的答案了。

　　人们用语言情境联想日常情境是比较容易的，而数学情境中的联想需要一种跳跃性、长距离、跨空间的联想方式，是相对困难的。

　　数学情境中的推演需要先在加减乘除等数学概念中进行延伸、审视，然后再继续思考前行，因此数学情境不是一步两步就能完成的，需要持续地探索。

　　所以，训练孩子如何从语言情境向数学情境进行转化是培养孩子数学深度学习思维和数学想象力的核心与关键。

数学幸运

对于孩子而言，数学的幸运是：

1. 碰到自己喜欢的数学老师。

2. 接连碰到自己喜欢的数学老师。

3. 虽然不喜欢数学老师，但是数学成绩很好，能够从中获得极大的驱动力和喜悦感。

4. 虽然没碰到自己喜欢的数学老师、数学成绩一般，但是自己突然开始独立自主地解题并能从中获取快乐。

5. 没有焦虑的父母施加的不当影响。

数学的学习是马拉松长跑而绝非百米冲刺。数学的打击感也是非常强烈的，几乎是0和1的关系。怎样才能学好数学？小时候老师们总说学习方法不对，但是学习方法这个词很抽象，甚至高中生都未必能理解。

数学最感性和最容易分化的时候是在小学和初中阶段，此时的数学老师将决定着孩子内心对于数学的基本喜爱程度以及是否会被数学"淘汰"。小学的数学老师通常比较有耐心，因为题目类型不多，老师的耐心比较强，会反复地讲和归纳，因此基础题型学生一般都能掌握，基本上不会发生掉队现象。初中数学老师的风格则截然不同，数学知识量陡增，老师不再把学生当成孩子，有时会把学生当朋友对待，因为此时的学生已经有成人感了。这种潜意识对待学生的态度变化意味着教学方式的变化，需要学生大比例地自学，而不像小学老师那样百讲不厌。另外，初中生的学习科目也增加了很多，所有学科之间开始竞争时间，于是学生之间数学能力真正的差距开始产生了。

好父母可以成为孩子的好老师，可以让孩子不再害怕学习数学。那么，父母们，你们被启蒙过吗？可能没有。可以说，很少有人真正接受过数学深度学习思维的启蒙。比如，我们都知道什么叫平均数，但是大家在小时候被启蒙过对于平均数的数学概念吗？大家是到了什么时候才真正有了对于平均数的数学深度学习思维呢？请注意，我说的不是算法，而是思想，也就是大家在何时才会用平均数的思想去思考问题？我估计大多数人都是比较晚的时候，通常是在工作以后真正应用的时候才有了关于平均数的思想，而当我们有了真正的关于平均数的思想后，我们就可以将之迁移应用在数学之外的领域中，比如语文、历史、政治等。

很多人的数学深度学习思维都没有真正地被启蒙过，大家感觉数学的学习都是稀里糊涂走过来的，那么，大家走得怎么样呢？我身边的一些朋友都是花了很长时间才意识到，原来自己是可以把数学的思维方式和概念迁移到生活和工作中的。

但是，如果孩子们能够在儿时得到正确的启蒙，他们就能很快地发现工作、生活之间的诸多关联，拥有更多的灵感和发现，自身的才华也会更加耀眼。拥有数学深度学习思维的人会给人留下深刻的印象，他们对于事实的理解非常透彻，能够把事情描述论证得很清晰。

父母为什么要与孩子同行？很多父母都没有被启蒙过，如果没有孩子，估计大家也没有再被启蒙的意愿，大家好不容易经历过来，内心可能都希望能够远离数学。但是，恰恰是大家的心声解释了为何我们要与孩子同行，共走这趟数学启蒙之旅。

对于孩子而言，这趟数学启蒙之旅不是一次简单的出行，而是一趟长达多年的内心情境的移植，类似于将自己从所处的衣食无忧的舒适环境中移植到荒郊野岭之中，开始走进森林、戈壁，穿过小溪，越过山涧，甚至需要经过很多缺乏阳光照射的地方，经常会觉得孤独，感觉只有自己。如果此时，孩子发现身边还有个同伴，那么内心会感觉到无比欢喜和安全。而父母作为孩子最信赖的人，无疑是同行的最佳人选。

消除数学恐惧

一提到数学，父母们就感到焦虑，因为很多父母都没有扎实的数学功底，不会解题，更不敢教孩子。

就像父母们明明知道前面的道路非常坎坷、挑战很多，有些挑战甚至是自己都不能逾越的，但现在却要让孩子们去重新跨越千山万水、雪山草地。到底需要培养到什么程度才能顺利地走过这条复杂之路？父母们找不到答案，内心就会充满莫名的焦虑。

首先，我们不要把畏惧数学的心理暗示给孩子，让孩子觉得数学难如登天、数学就应该学不好，孩子如果有了这种先入为主的概念，日后就难以纠正了。

实际上，数学就来源于我们的日常生活，一点也不用陌生和紧张，父母早些让孩子感知数学、习惯用数学深度学习思维看世界，孩子就会逐渐习惯无处不在的数学，从而走入数学学习的殿堂。

在数学教学中，往往会过于强调数学抽象的一方面，却忽略了数学在生活中鲜活的一面，从而使得数学变成了一副干巴巴可憎可怖的面孔，但数学真正深刻的思想无不来源于生活。很多数学教材只把最终的理论推导展示给了我们，却把探索这些推导步骤的思维过程隐藏了起来，于是数学家们都像神一样遥不可及。殊不知数学家也大多是普通人，他们在思考过程中也会四处碰壁，而这才是学习、探索数学最本源的过程。只要我们跟孩子一起把数学鲜活、生动的那一面挖掘出来，数学会非常的有趣、可爱、幽默。

我依然记得20年前，哈佛大学统计学系系主任刘军教授来北京做报告时讲过的一个故事。他提到斯坦福大学统计系一位成就卓著的教授14岁之前一直跟着马戏班到处表演魔术，后来他逐渐对魔术中隐含的一些数学规律、思想产生了浓厚的兴趣，于是产生了要深入钻研数学的冲动。当时正好一位数学家非常喜欢他的魔术表演，当得知他要学习数学的想法之后，欣然为这位少年向哈佛大学写了一封推荐信，他在信中写道："你们数学系想要一位魔术师吗？"后来这位少年获得了哈佛大学的博士学位并做了斯坦福大学教授，他就是美国著名的数学家佩尔西·戴康尼斯。他特别擅长把数学应用到各种各样的实际问题中。他说："我不能抽象地学数学，我需要有实际问题来思考。"他认为，成为一个好的应用数学家的关键，是能够发现有趣的实际问题，并且能与某种优美的数学相关的实际问题之间把握好平衡。我们不一定都去做数学家，但我们要能跟孩子们一起挖掘、发现数学最生动的侧面。

首先，父母不能懒，如果父母都不带着孩子一起探索世界、探索宇宙星空的奥秘、探索微观世界的宏伟，孩子哪里会来好奇心？又哪里会来想象力呢？

父母不要强行培养孩子的数学兴趣，而是要培养孩子的数学想象力和数学深度学习思维习惯，要在日常生活中用数学的情境思维和数学的想象力帮助孩子培养好这样的生活习惯，孩子就会慢慢熟悉，并且这种习惯会成为孩子生活的一部分，慢慢地激发出孩子的天分。

孩子的大脑就像计算机，软件程序和底层代码决定着孩子未来的发展方向和程度，如果父母给孩子植入的是一种数学深度学习思维习惯，孩子未来就会偏向于理性思考，也会在未来能够拥有更多的选择权和自主权。

孩子们都有数学天赋，天生的测算、心算、选取最优等的数学能力都足够强大，我们要让孩子将自己的这种数学深度学习思维和数学想象力的天分显性化，激发出孩子巨大的数学潜能。

避免数学伤害

大家都有过被蚊虫叮咬的经历，很痒或者很疼，但是大家知道数学是怎么"咬"人的吗? 数学世界中有着各种各样的心理妖怪，我们被需要做的题目"咬"过，被考试"咬"过，被问题"咬"过，被同学的鄙视"咬"过，被自己的鄙视"咬"过，被自责"咬"过，被自己的无奈和发狠"咬"过，被自己的焦急"咬"过……数学世界中各种各样的妖怪成了我们的心魔，对自己产生的很多否定判断形成了我们都经历过的数学伤害。

数学伤害并不是做不出题，而是会对我们的心理造成很多负面影响，比如"我就是个平凡人，很多人不会做，我也不会做，很正常"。

如果一个人的内心世界里有这样的怪物在追咬着孩子，那么他会去探索数学世界吗？他能够用数学深度学习思维将新的数学概念进行迁移使用吗？不会的，这个人只会躲开。

大家知道学霸是如何把差距拉开的吗？其实你们之间并没有任何本质区别。

我见过一些第一学历并不高的人，初中、中专、高中、大专毕业，但是他们在日后的成长中非常了不得，在内心中从未将自己限定过、贬低过，不断地激励着自己蜕变。

我当数学老师时经常跟家长喊着说"孩子的自信心很重要"，其实什么是孩子的自信心？是谁给孩子带去的自信心？要有很多人给孩子自信。

孩子如何看待老师是非常重要的。我在上高一时开始并没有太注意数学老师，我的一位同学说："咱们老师讲得真好，真优雅。"他的一句话让我从另一个角度去看待这位老师，心想，"哦，原来这样就是优雅"。从而开始喜欢上了这位老师，至今我都非常感谢这位同学，因为努力喜欢上一位老师会使人的心灵滋养出很多好的东西。

其实，很多时候我们只是因为风格的不同而讨厌一位老师，使自己的内心世界受到了干扰。

孩子是如何沿着自己搭建的内心台阶一阶一阶地往下走的？不喜

欢这个老师，不喜欢这个老师说话的方式，其他同学也不喜欢这个老师，还是原来的老师好……几个台阶之后，孩子的内心方向就会发生彻底的转变，开始在内心世界里"养虫子咬自己"。有人同行吗？有，比如，同学。但有同感的同学可能影响更糟，因此在与孩子同行的选择上一定要有人看护，这个看护者最好是父母。

拒绝时间扭曲

孩子在时间的起始点上是不懂数学知识的，比如孩子刚上小学、初中、大学时，对教材里面的知识是不会的，当学完整个学期后的感觉是学会了，这个时间点就是结束点。

在时间起始点，很多学生拿过书来一看什么都不会便开始伤害自己。因此，我特别提示父母和孩子不要把起始点和结束点像折纸一样对折起来，否则就会时间扭曲，这些点应该在各自的位置上，这期间的中间过程和重要的阶段过程，都有着相对应的任务。

数学或者任何学科的学习过程都是不可被忽视的，启蒙最重要的就是要教给孩子一套从头到尾探索和思考的方法。

当你把每个阶段应该在的时间点错位或者重叠打乱的时候，时间就扭曲了，原来在各自时间点上的中间任务和过程就被打乱了，就看不清里面的基本规律了。

数学中的时间扭曲需要父母帮助孩子来克服，父母启蒙孩子的数学深度学习思维需要按时间的顺序一点点渗透到孩子的内心中去，渗透到日常的习惯和思维方法中去，使孩子遵循这些顺序、时间的进程，一点点地积累。

在数学教育的过程中很容易带上时间表和强迫性，最可怕的就是时间扭曲。父母要知道，数学伤害的存在对孩子的影响会超过父母的想象。我现在还能充满激情，我的很多科学家朋友、大学教授朋友都认为工作和做学问是一种乐趣，因为我们过去没有被吓破胆。孩子的思想和心灵都非常娇嫩，父母在提携和培养孩子的时候如果方法不当，就很容易造成永久性伤害。

开明的父母极其宠爱自己的孩子，不是溺爱，不是什么要求都答应，而是内心极其喜欢自己的孩子，对待孩子非常宽容，对孩子的表面错误轻描淡写，提示性地点到即止，从来不在孩子身上释放自己过多的情绪，一旦父母将情绪释放到孩子身上，就很有可能把孩子的情绪模式培养成自己这样。

避免数学伤害对孩子未来能够长久地、跨学科地使用数学深度学习思维，对数学和其他学科的学习保持阳光、开放的态度，内心充满着好奇心和能量，都极为重要。

父母培养孩子的第一件事是保护，然后才是启蒙。高学历父母最容易犯时间扭曲的错误，把自己的现在和孩子的开始叠加在一起，责备孩子、贬低孩子，而忘了自己已经经历过了三四十年的历练。

父母与孩子一起接触的数学问题非常多，要首先让孩子不讨厌父母、不讨厌数学。一个老师好不好最重要的评判依据就是孩子觉得这个老师的课是否有意思，而未必是老师真的教得有多好、学问有多渊博，老师的魅力在于让学生不讨厌他。家庭里的所有启蒙、数学的训练都有着一道关，就是父母能否带领、引导孩子产生一种对于数学淡淡的喜欢。因此，父母首先要解决的是孩子数学心灵的问题，一旦伤了孩子的数学心灵就难以补救了。

数学同行者

回忆我自己，父母陪我同行的那段时间是我人生中最美好的时光，这种亲昵感日后都很难超越，孩子享受着来自父母无条件的爱会感觉无比安全、美妙和幸福，内心会滋生出很多语言难以描述的力量。

与同伴者不同，同行者要带领孩子进入一段逆流而上的时光，水在顺流而下的时候很少会翻起浪花，没有浪花的时候我们就很难看到水的形状，而逆流而上就像数学深度学习思维的启蒙一样，各种问题、概念都会在逆流中迸发出来，这是同行者带来的感受，而非顺流而下中只有时光的故事。

只有逆流而上的同行者才能帮助孩子揭开深层次的生活情境世界，探索蕴含其中的各种概念和问题。

为何同伴者揭不开生活深层次的情境世界呢？我们对于同伴者都非常熟悉，孩子的衣食住行，不生病、不哭不闹，这些几乎都是同伴者关注的内容，而这种过多的关注对于孩子其实是一种暗示，使孩子容易忽略自己内心深处一些比较深层的需求，孩子会觉得同伴者并不在意自己那些内心真正的需求。

什么是人生的成长？真正的成长一定是和内心世界的需求、疑惑、问题相关的。

孩子对于自己内心世界的成长是有着强烈的需求的，经常会紧追父母、逼迫父母教自己。如果父母选择了同伴者的角色就会给自己某种心理暗示，即我要给孩子非常平静的、没有冲突的生活，认为生活中出现的各种矛盾都具有伤害性，放弃了与孩子一起讨论问题、发现问题、问问题的机会，也放弃了同行者的深层次身份。

事实上，父母就算不为孩子做数学深度学习思维的启蒙，也要成为孩子生活上的同行者。一些条件好的家庭刻意避免给孩子呈现出存在问题的生活情境，让孩子衣食无忧，几乎不让孩子碰到任何生活问题，但并不是什么样的问题都是对孩子有伤害的，关键在于父母的态度和解读。

我们说一个人有见识，不是这个人进摩天大厦喝过咖啡、住过高档酒店，那些只是生活的表层情境世界，真正的见识是见过世贸高楼里的那些人是如何工作、生活，如何面对困难、珍惜时光的，这些才是生活的深层情境世界。

现在很多电视、电影作品都描写得很深刻，比如写人是如何面对困难、面对错误、面对生死、面对疾病、面对爱……《舌尖上的中国》拍的其实不是中国的菜谱，而是生活方式，是展现人是如何在舌尖上与人生的酸甜苦辣相结合的，展现的是人生的高潮与生活的深刻含义，一个辣椒都拍得千滋百味，这种纪录片拍摄的是生活的深层次情境。

如果在生活中，孩子没有同行者只有同伴者，就会每天随着生活的河流顺流而下。"两岸猿声啼不住，轻舟已过万重山"，很多人一晃几十年过去了，没有体验到生活真正的深层次含义，没有感受过生活的涟漪激荡，也就无法从生活中获取更多的心灵能量。

如果我们让孩子一个人独自走入数学森林，在缺乏光线的地方，孩子可能会把毛毛虫当成怪兽，在不明就里的时候容易夸大困难的程度。当孩子害怕的时候，身边又没有诉说者、倾听者、反馈者、保护者的时候，孩子会是什么经验和感受呢？可能除了恐惧、焦虑、害怕，感觉弱小、无助之外，一步都不想往前走了，因为几乎所有经验都是靠四处碰壁、摸索、受伤、总结得来的。因此，尤其在进入数学森林的时候，父母尽可能要超越同伴者成为同行者。

父母要担起孩子的心灵导师的职责，与孩子共情，双方的心灵融合会使孩子相信父母。"这题真的挺难的，爸爸都不会。"父母只有与孩子共用同一个心灵发动机，孩子才会信，把孩子的心气儿托得高高的，不能让它掉下去，孩子最重要的成长就是要长心气儿！

老师、同学可能只是孩子一段时间的同行者，但是父母可以是孩子一生的同行者。孩子心灵的高度、自信、安全、归属感都来源于自己的原生家庭，而并非在哪里上过什么学、有过什么样的同学。

有些走过数学之路的父母还想带着孩子重新走一遍，觉得很重要，想赶紧教给自己的孩子，其实他们是在边学边教。但是在数学之路上，也有不少父母却因为内心的恐惧而不愿与孩子同行，这些父母往往都曾在数学上自我攻击、自我否定过。

我在数学之路上受的伤害很少，因为一路都有父亲同行，但是我非常清楚数学中浩如烟海的挑战和知识的复杂绝非是一个人用一生的时光可以穷尽或了解的，因此，做数学之路上的同行者是父母的一份长期工作，我们要防止孩子用数学挫折攻击自己。

做数学老师的时候，我看到在面对数学问题或者难题的时候，即使很聪明的孩子在数学的进度上也是非常谨慎的，孩子在数学上的脑力和心灵智力都比较有限，当我们从数学森林里走出来回头看的时候觉得挺容易，但是不要忘了当年爬山的时候其实挺难的。

　　父母在与孩子同行数学之路时，会不可避免地碰到各种千奇百怪的挫折，这些挫折会导致孩子乱想，下意识地攻击和否定自己，会在心气儿上下台阶，会暗示自己下一道题也是难题，下一个概念也很难理解，会暗示自己很孤独，在难题面前很无助，这种无助的表现就是孩子懒得问人，认为这么难的题别人也可能不会，而且不想让别人知道自己不会，更不愿意出声思考，感觉与别人讨论这么难的问题使自己很累，这些都是孩子被数学伤害的心理状态。

　　我虽然提议要用生活情境来启蒙孩子的数学深度学习思维，但是也躲避不了数学的实质，只不过我是用了一种最为柔软、委婉、间接的方式来让孩子触碰数学，因为数学是大多数孩子在这个年龄阶段中碰到的最难的事情。

　　我为什么要花这么大力气来描述孩子面对数学的心理状态？就是希望父母们一定要首先知道孩子面对数学世界时的真实心理感受，孩子刚开始有点害怕，在以后的数学之路上是保持了这种有点害怕的感觉，还是加深了这种害怕使自己厌恶掉头逃走呢？不幸的是后者的概率非常大，孩子会带有很多不愉快的记忆，这与父母花钱让孩子上多少培训班没什么关系。

　　陌生感、不会做、时间不够用、持续长时间用脑等都会使孩子产生不愉快，更可怕的是旁边还有父母这个监督者，孩子很清楚父母在观察自己会不会，并以此来判断他们的智商水平。有些父母说："你看×××会做，你怎么不会？"表面上好像在夸奖别人的孩子，但其实是在伤害自己的孩子。

如果父母没有在之前的生活中为孩子做过很多数学深度学习思维启蒙的话，那么从现在开始作为同行者，特别要注意保护孩子的心气儿，留意孩子那些自我否定、自我伤害的暗示。

孩子认为难，甚至掉头走都不可怕，可怕的是孩子开始给自己下定义，开始给这件事情下不会玩的定义，因此孩子身边特别需要同行者的表演。父母从小哄孩子喝药、吃饭都表演过，这个大家都会，在与孩子同行数学之路时也是一样，因为一般人都会对数学肃然起敬，没人敢拿数学开玩笑。

在做数学老师时，我看到孩子们在不会做题时脸色突然煞白，下意识地开始自我攻击，然后说："老师，我不会。"老师的教学方式、说话口音、肢体语言、不经意的举动都很容易使孩子厌弃、掉头、放弃数学。

很多人都曾在内心中放弃了数学，我记得我高考前还在到处找数学题做的时候，我的一位同学跟我说，能把书里的例题和练习题都做会了，就已经不容易了。那个时候我就知道这位同学已经在内心里放弃了数学，我们之间的心气儿截然不同。作为老师，当一个孩子说出类似这样的话时，我就很清楚地知道他在内心中对于数学的心气儿已经在往下走台阶了。

为什么孩子容易放弃数学？因为很难。什么是难？就是费了很大力气还见效不大。

这个时候，人就很容易放弃，想在内心里把数学扔了，于是千方百计地找理由，比如老师不好等，好像放弃数学不是自己的原因，而是别人的原因，这是人在心理上的一种自我保护。

父母在与孩子同行数学之路时不只是一起学习这么简单，一定要非常清楚上述的所有心理过程和细节，要尽可能避免孩子在数学上的自我否定和下意识的自我攻击。

我在当数学老师时，班上有位女孩子的父亲对这个孩子的数学学习保护得非常好，每次都会弯下身子细心地问："今天讲了什么呀？有什么难题吗？老师有没有精彩的讲解呀？老师有没有带给你们课外的内容啊？老师今天讲的题目和爸爸讲的有没有不一样的地方啊……"这位父亲是老上海人，每次上数学课之前都会带着女儿提前预习，而且每次都会带着女儿和我近距离打招呼："涂老师，您辛苦了，我们先走了，再见！"这位父亲的举止话语绝对不是客套，他让女儿感受到他、老师和她的心灵是联通的，因此这个女孩不存在问问题的心理障碍。

我也曾和我的女儿说过："这题确实挺难的，爸爸也不会，你不会没什么大不了，这类题不是数学题而是数学难题，你把这些数学难题单独记录下来，弄会了这些你就厉害了!"我和女儿在用同一个心灵来体验数学，女儿才会信我，才会放下自我攻击和伤害，才有动力继续前行而不是止步不前，甚至逃避。

数学难题不是考查孩子们的智商水平的，而是考查孩子们的准备度的，但是很多父母由于自己的误解将孩子是否聪明优秀与其挂钩，造成了孩子开始攻击和伤害自己。

数学其实是每一个正常的普通人都能胜任的学科，但是为什么很多人都想躲避？因为很多人都在各种曲解和误解下止步掉头了，如，父母的否定，自己的否定，独行的孤独感，数学带来的冰冷感、恐惧感、黑暗感、冷攻击等。

数学的概念有多复杂？日常生活中都有，孩子如果得到正确有效的启蒙而非仓促学习数学知识，就能比较容易地理解那些数学概念和问题，因此养成数学深度学习习惯至关重要。

对于孩子学习上最难的事情，父母应该多付出、多参与，最好成为同行者，对于孩子的痛苦感同身受、先知先觉，如此才能减轻孩子心灵的痛苦，做一个合格的同行者。

数学启蒙的3个关注点

下面，我来谈几个父母在孩子数学深度学习思维启蒙的时候需要关注的问题。

1. 数学中的视觉问题。有人会说："数学很抽象，怎么会有视觉呢？"我们是要用日常的情境和概念来培养孩子的数学深度学习思维的，启发孩子自己养成很好的习惯和技能，这样培养出来的孩子才会具有很强的生活秩序和生活能力，而且会把这种能力迁移到自身的学习上。

可视化涉及一个人的想象能力，能看得见、能想象出来。对于数学而言，孩子要在日常生活中养成回忆的习惯，把一个问题在头脑中进行具体化、形象化的想象。

数学学得好的人，即使对于一个很抽象的问题都能想象得很具体、形象。比如，对于"差"这个概念，头脑中有杯子高度差、饭碗容量差、走路速度差、分苹果数量差等很多形象的画面来支撑这个抽象的概念。

因此，数学深度学习思维的启蒙要通过视觉展开，如果孩子对于身边的事物都视而不见的话，就不可能形成真正的数学深度学习思维。爱因斯坦曾经说过"自己没什么特别的地方，只是对一切充满好奇和想象"。

其实，数学深度学习思维的起始端就是情境的可视化，这些情境能否完整地、部分地或者关键部分地进入孩子的头脑，像看电影似的翻过来掉过去地自己玩熟，取决于孩子对于身边万事万物的可视化程度。数学的视觉内容可以是一个具体的情境、画面、事物，也可以是某句话、某个问题或者一串数学公式等。

如果一个孩子能够对抽象的问题谈论得头头是道，那么这个孩子在某一个领域内的形象思维和视觉化可视程度都很高。比如，我们跟孩子说好吃的，孩子的头脑中就会反应出诸如巧克力、糖果、冰激凌等很多好吃的食物，孩子对此的可视化形象思维都很强，父母在这个领域中多次叠加使孩子产生了抽象的概念，孩子能够找到很多具体、形象的东西来补充和强化，使自己觉得这些概念并不抽象。

因此，数学深度学习思维的启蒙要从情境的视觉化开始，孩子才会比较容易地理解抽象的概念，形象思维是抽象思维的基础，头脑中要唤醒很多形象的事物来支撑抽象的概念。

对于3岁至9岁的儿童来说，我们在启蒙孩子数学深度学习思维的时候，要让身边的事物走入孩子的心灵世界，用这些事物来训练孩子的形象思维。有人提倡用做题来训练孩子，殊不知我们每天都在面临着形象思维的情境，没有这样的习惯，孩子的形象思维只靠做题来训练是多么大的浪费？形象思维的习惯程度将决定着孩子未来能建立起多少层抽象思维。

2.数学深度学习思维对于情境中的元素剥离，也就是"摘"的能力，它是发现数学情境中主旨的关键技能。比如，两个人在全身心地讨论问题时，对于周围的一切基本都不注意了，剥离了周围不相干的因素，那些不相干因素的信息量在两个人的讨论系统中几乎为零，被暂时地剥离出去了。

父母让孩子学会剥离是培养注意力的关键。事实上，注意力这个词对于孩子或者成人而言都非常学术化，虽然大家经常在口头上说要培养孩子的注意力，但是在操作上很难，而用剥离的方法就会比较明了。当我们把情境中的不相关因素都"摘"掉以后剩下的部分就是情境中的主旨，孩子的注意力才会自然而然地在此留下。

人的注意力是有弹性的，不是单一的镜头，因此情境的剥离是一个特别需要父母引导和陪伴的过程，因为孩子在3岁至9岁时注意力的时间是非常有限的，小的时候一般只有3分钟至5分钟，父母如果让孩子自己注意的话，效果通常不会很好，但是如果父母进行陪伴和引导的话，将情境中的某些事物留下，不断剥离开干扰孩子的因素，那么孩子就能在一条事物的注意力线上持续很长时间。剥离的方法可以解决孩子注意力短的问题。

这种注意力的增加与孩子上课的专注有所不同，孩子上课时是从心灵世界向外张望，而父母用剥离法营造的效果是与孩子一起深入自己的内心世界。当孩子面对复杂的、有层次的情境时，要较长时间持续关注某个情境主题的时候，孩子需要克服自身注意力时间较短的问题，剥离掉不相干的因素，这是启蒙和训练孩子思维的重要办法。

3.数学深度学习思维还需要问题化。比如，在写学术论文的时候，往往在文章的最后要写上未来的研究方向，这就是问题化。问题化是最重要的数学深度学习思维的方式之一，是一个人真正走入数学世界后见到的第一道门，而之前的剥离、简化等操作都还只是前奏。

为什么问题化是走入数学深度学习思维的第一道门呢？因为走入这第一道门后才会有问题的叠加和评价。比如，妈妈从不打扫卫生，爸爸也从不打扫卫生，那么家里的卫生是谁做的？如果我们加上爸爸、妈妈经常在家发生争执，请问争执是因为打扫卫生引起的吗？当两个问题叠加起来，或者一个问题叠加了一个概念或陈述时，那么结果往往就全变了，这是孩子走入数学情境深处的一种方式。

当一个问题出现后，如果孩子没有情境化的形象思维是不可能持续思考下去的，能够解决的问题也就很有限。对于刚才的问题，如果孩子说：你们都不喜欢打扫卫生，为何坚持要培养我打扫卫生的习惯呢？如果孩子没有迭代地一步步问问题的习惯，就会对情境中的数学情境视而不见，无法走入情境中包含的数学世界。

数学深度学习思维的思考方法以及习惯会渗透到所有的学科中。孩子上小学后需要写作文，为什么要写作文，写完后最好让父母先看一遍呢？其实这里面是有着深层次的含义的，让父母先看是希望父母能够做孩子心灵深处的伴读者。另外，写作需要用文字陈述、整理和调整，是一种可视化的出声思维，也是可记录的思维。训练思维的关键是一定要有主题和情境，而不是把所有场景都记录下来。只有经历了多层次的形象才能达到抽象化。

一篇好的作文，其实就是考查孩子能否剥离掉不相干的内容，做好简化的工作，进而形成自己作文的主旨思想，这个过程其实也就是数学深度学习思维的思考过程。

数字、图形、位置、分类、排序、秩序、模糊、矛盾，用这些数学深度学习思维能够架设出灵魂级的问题，再用文字展示出来就是一篇很好的文章。比如，莫泊桑的《项链》，一条项链改变了一家人一生的命运，文中充满了令人回味的感受，真假项链的价格比较、主人公的矛盾心态等，戏剧性的结尾直击灵魂。

启蒙能解决一切问题吗？

有人问我，启蒙能解决一切问题吗？当然不能，但这本书里的知识、经验、内容、办法都是那些数学深度学习思维能力越来越强的孩子的父母们做过的事情，是可以为我们提供帮助，值得我们借鉴和学习的。

如果没有正确的启蒙，孩子在各学科的学习中都很难深入和长远，但是有了启蒙以后，各学科的学习、做题也一点都不能少，因为练习也同样重要。

父母在孩子小学阶段的数学深度学习思维启蒙要运用好生活情境，因为在进入初中后，数学就会渐渐脱离真实、具体、形象的生活情境进入相对抽象的、局部性的、符号性的数学世界了。初中数学中的几何、代数已经没有具体的情境了，没有应用题了，都是字母、符号、图形，是抽象世界的内容了。只有当孩子进入了抽象和符号世界来想事情、考虑问题时，才是真正地走入了自己的数学世界。

孩子在小学阶段的生活情境世界中，数学深度学习思维的启蒙程度和运用程度决定了孩子在进入初中阶段后，是否能够在抽象和符号世界中非常熟练、快捷、准确地运用数学深度学习思维解题。抽象世界与生活情境是紧密相连的，一切数学符号对应的知识都来源于生活情境世界，一个人能够在抽象世界中将符号运用自如，说明他在生活情境世界中已经可以熟练地运用数学深度学习思维。

因此，父母要在生活情境世界中为孩子做数学深度学习思维的启蒙，使孩子能够在未来的抽象、符号世界中自如地使用数学深度学习思维，否则孩子对于抽象、符号世界会感到非常模糊，很难进入，之后的推导等过程就更加无从谈起。比如，如果孩子在现实世界中都不明白中间变量是什么概念的话，那么就难以理解和寻找抽象世界中的中间变量。

父母如何在生活中对孩子进行数学深度学习思维的训练呢？很简单，那就是以日常情境为基础做数学概念的具体练习。比如，寻找情境中的等于、不等于、大于、顺序、序列、等差、不等差、对数、分类、除法、中间变量、最优问题……如果孩子在现实世界中掌握了这些概念，那么在未来走入抽象、符号世界时就不会陌生，不会觉得模糊不清，不会不理解公式代表的含义。

一个人的虚拟、抽象世界本来就是模糊的吗？不是的，一个人内心的表象其实一点都不模糊，虽然未必十分清晰，但是会有千百个对应物来支撑其想象一个事物。什么是虚拟、抽象世界？一个词、一本书等都是虚拟的、抽象的，都不是直接的事物呈现在你面前的，都是需要头脑进行信息加工的。比如，提到"镜框"这个词，我们面前虽然没有现实物体，但是大家的内心都会有很多来源于生活情境中的实物来支撑自己在抽象世界中的想象。

很多数学情境应用题需要从最基础的情境中一层层深入、抽象、抽离、比较，如果没有经过正确的启蒙和引导，不要说孩子，就连成年人也会发蒙，很多父母解不出小学数学题的原因也在于此，只是停留在第一层最表面的语意对应的日常情境中而无法抽离出来。面对任何情境，思考的方法永远都是最为重要的，把情境搞清楚、简化情境，就能使人的思维深入下去，又快又准，一旦掌握了这种方法，孩子就会得到真正的智慧增长。

翻看数学史，那些数学家的父亲常常是把一些书籍、自己的兴趣爱好介绍给孩子，经常陪伴孩子，而非尽快教授孩子大量的知识或者布置大量的作业任务，为什么？因为在有限的时间内，教得多意味着教得快，孩子最多只是将知识储存在头脑中，而并没有将之放入自己建立的深度学习空间中，很快就会遗忘掉。

只有把最基础的概念一点点地教给孩子，长时间和孩子待在数学世界里，孩子才能真正获得自己的深度学习空间。

当父母给孩子布置了大量的任务时，孩子面对此情境的策略就是让父母觉得自己学会了。这样的孩子的数学空间里没有最基础的概念，也没有与概念相关的很多问题，不会自己提问，不会自己尝试下一步怎么办，不会自己推理，也很难养成自己架设解决方案的习惯。

而真正具备数学深度思维的孩子，他们不是依靠做题，而是"穿越"在各种书中寻找概念，孩子开始自己寻找概念是优质启蒙的重要标志。他们已经在开始建立一个自己的数学深度学习空间了。他们开始有数学的专门时间、标志及安排的意识，不再把所有知识都混存在一起，学科初期的意识就觉醒了。

我对孩子的数学启蒙不是算术，也不是解题，那些老师未来会教的。我教给孩子的是未来很有用，但是很多老师可能未必会在课堂上教授的东西，即一些非常关键的、未来会在学习工作生活中经常出现的概念，我把这些概念用最简洁的语言给孩子讲明白。

概念的学习是非常重要的，我当老师的时候，非常喜欢将概念用最简洁的语言讲给学生们听。

哪些概念呢？

第一，与系统论有关的基础概念。

第二，模糊数学中的概念。模糊现象、思考方法，这些现象就在日常生活里，世界时刻都在变，原来讲求精确的数学，而现在人们还关注不精确的知识，因为不精确的知识能够成为非常精确的知识，这些内容看似深奥的概念其实并不难，因为不需要孩子用很多符号去做数学公式的推导，孩子就能够渐渐地明白、理解这到底是怎么回事。

第三，离散数学，这是与未来的不确定性有关系的一种概念。

第四，与概率论有关的基础概念。

读过本书前一章的父母如果受到了启发，就会知道未来世界的最大确定性就是充满了不确定性，与不确定性相关的知识、学问、人生观、价值观等都是最有价值的，也会明白，了解什么是离散、非集中、大数、众数等概念是非常重要的。

为什么模糊数学成了一个重要课题？模糊数学和社会学很像，只有那些能在模糊中、趋势中、不确定性中看清事实的人才能活得更好，这些人处理问题的方法，一定是系统套系统地不断叠加。为什么？因为现在社会的节奏更快、工具更多，事件套事件、问题套问题的现象越来越多，可以协同的工具和人也越来越多，需要有系统论的视野和知识。

第五，拓扑学。社会中的很多现象和顺序没有关系，比如谁先进入公司、谁年长、谁学历高和谁的职位高不一定存在关系，而可能和谁有本事、谁专业对口、谁懂公司战略等存在实质的对应关系。作为父母，了解拓扑学在社会中的映射，不是为了让孩子以后学好拓扑学，而是这些学问是孩子未来的必备素养。

第二章　父母的准备

意识觉醒

有些人感觉自己有数学学习空间，但其实只是数学浅度学习空间，里面堆放着碎片化的知识，只能算是数学知识的存储空间而不是数学深度学习空间。

数学学习工具的产生之地是数学浅度学习空间，这个空间是数学知识的存储器。很多人在面对数学概念、数学问题时唤醒自己的就是这个存储器，在数学浅度学习空间中做很多题，记住定理、记住概念，但是没有越过黄金边界。数学中的概念是需要自己理解了以后总结的，是一种超越了重复的理解，只有这个意识觉醒了，孩子才能建立自己的数学深度学习空间。

开始学习时，那些例题、知识点都只存在于数学浅度学习空间中，随着个人的深入理解和使用，以及触类旁通的学习和研究之后，其中大量的精华内容才会进入数学深度学习空间中，最后沉淀在数学深度学习空间中的是自己通过大量事件总结得出的概念、知识、经验、体验、问题、推理方式以及解决方案等，深度学习空间中的内容都是非常独特的，呈现出自己特有的姿势。

现在如果让大家来谈一下初、高中的数学学习学了些什么，估计大家会觉得主题太多、无从说起，这就是典型的数学浅度学习的表现。很多人当年在学习数学的时候也是这种感受，浩如烟海，那些数学知识几乎保持着原始状态，甚至更为零散地进入了大家的数学浅度学习空间，学习方式主要依靠记忆、模仿、推导（简单的推演），甚至更为零散的方式被储存了下来。

只有来到数学深度学习空间的时候，人才会感知到很多知识都是如此的震撼心灵。比如广州电视塔"小蛮腰"很漂亮，如果知道它背后的数学基础是单叶双曲面，你对这座建筑的认知就会更深刻了。

有意思的是，人们从6岁上小学一直到22岁本科毕业，往往没有建立起自己的数学深度学习空间，但是会用数学的迁移来建立自己的专业空间，而且大部分人都建立起来了，为什么？因为我们的思维方式已经足够成熟，待在专业空间里的时间也足够长。

成年人能够对基础概念产生深刻的认识，这门课到底是在讲什么？成年人会搞清这些基础问题、基础概念，而绝不是简单地学知识。当基础概念、基本原理搞清楚以后，那些知识就都很简单了。但是，孩子通常不是这样学习的，孩子对于概念、定义看得是最不认真的。

很多数学系的学生都是到了大学以后才意识到自己要重新用深度学习的方式来学习数学，这些人在学习了很多碎片化的知识后又回过头去体味和理解基础概念，走了很多弯路，稀里糊涂地学了过来。

当人在生活和工作中碰到深层的问题时，会突然发现原有的浅层空间的知识已经无法解决了，因为没有这样的例题，原来那些粉末化的知识、硬邦邦的概念都用不上。那些规范化的知识和方法成了深度思维的天敌，所有的粉末化知识都需要推翻重新思考。

当人开始对浅度学习空间中的基础概念重新思考、总结时，就意味着他的深度学习空间开始觉醒了。我有一位朋友就是如此，他是中科院的数学博士，他直到开始做研究时才发觉原来做过的那么多题都不能帮助他理解数学的基础概念，需要从头开始想虚拟空间等最原始的数学概念。

深度学习的方法是自己理解总结一个事情含义的基本单位，即概念。如果父母把培养孩子的目标只是定位在考学成绩上，那么孩子一进入未来真正的竞争中就会立刻崩塌。一个人如果一直追求浅层的、短期目标的话，就会下意识地暗示自己不用做出深层次的改变，就会拒绝改变自己，会抗拒奋斗和成长。

孩子的发展是不可逆的，也就意味着父母如果用数学浅度学习方法来培养孩子，放弃让孩子用各种方法去自己思考、自己寻找、自己试错的话，那么孩子学到的东西都是被动给予的，孩子是被动地在数学浅度学习空间中学习，一旦有机会离开的时候就会毫不犹豫地走掉，远离数学考试的无聊和压力，孩子学习过的碎片化的数学知识也将灰飞烟灭，而毫无数学深度学习带来的惊喜与成就感。

父母要开始启蒙的就是帮助孩子建立这个数学深度学习空间，这个空间的启蒙与方法有关，而与知识关系不是太大。

什么是好老师？好老师是教得深而不是教得多，是能把很难的题讲得很简单，是能把恐惧讲得一点都不恐惧，是能把极其复杂的事情讲得很简单、教得很深刻，好老师对于知识的讲解能够穿透日常生活、题型、实际应用等好几层来解释其根本含义，而不是无数遍地讲题。

我读书的时候，很奇怪为什么有的老师不拿教材，上课放着PPT随便讲，老师讲了什么？全是自己的思考，然后给出一份参考书单，上面列了一百多本书，让我们自己去看。

数学也是一样，需要教会孩子使用基本概念把题目看得很透，训练孩子用叠加思维解决问题的能力，让孩子适应和熟悉概念和概念的叠加，概念和问题的叠加，概念、问题和推理的叠加。

我之前提到的钟兆林先生，他就用此类启发式的思维方式影响了好几代人，包括我的父亲。钟先生启发学生通过现象、知识自己去思考，自己规范概念、解决问题、发现意义、发现差别、发现纰漏，自己推理，自己问问题等。就像那些建立了专业空间的父母，他们在自己的专业领域中可以完全驾驭各种知识了，他们会自己设定概念、总结意义、发现差别、提出问题，自己做推理，而不是去翻书，为什么？因为那些是自己提炼的、自己写的自己的知识，这些人对于自己的专业知识觉醒过，建立了自己的专业空间。

深度学习的能力使用时间越长，人的思维能力就会越厉害。比如，一把椅子在购买者眼中是椅子，在商店老板眼中是价格、库存，从市场营销看是市场渗透率等，对于同一个事物，存在着众多的理解角度。

当一个人能够用非常多的面去理解一个概念的时候，这种理解的深度就像有七八面镜子同时照在身上，能够记住的信息量极大，能够进行大量学科的迁移，使众多学科的概念能够共同生长、混合生长，这就是深度的学习能力。

数学志向

每个人在成长的道路上都需要不断地克服各种困难和挑战。家庭教育、自身的气质等因素对孩子未来的发展有着重要的影响。

父母是孩子在学前阶段最大的偶像选择，因此父母的引导作用也更为显著。

孩子们潜在的数学深度学习思维和能量是不是能被着重地反复强化和引导、形成显性的数学深度学习思维习惯？

首先，要看孩子有没有数学志向，这是一个至关重要的事情。

父母作为孩子最重要的抚养人，应当意识到数学学科的特殊性和重要性，以及对于孩子未来成长的影响。

高远的志向会在孩子的人生中产生重大作用，伟大的志向必将产生伟大的毅力，这些毅力将使孩子产生巨大的精神力量，会持续地伴随孩子一生的学习。

父母认真地阅读、讨论问题，带着孩子一起讨论问题，这些都会给孩子留下难以磨灭的印象，也会给孩子树立起重要的精神榜样。

睿智的父母会在孩子很小的时候把科学家的毅力、品质展现给孩子，让孩子体会到人世间的规律和学习知识的乐趣。

很多孩子没有在早期展现出热爱学习的特质，父母就错误地认为孩子不爱学习，忽视了对孩子的启蒙，这是非常可惜的。实际上每个孩子都是天才，都在潜意识中进行着非常复杂的各种生活情境的运算，都有着非凡的数学深度学习思维的潜力。

父母要想让孩子学好数学，就需要为孩子建立起数学学习的志向，因为学好数学是特别重要的事，而且在数学的学习中难免会产生各种不顺畅和挫折感，这些伟大的精神力量会给予孩子们前行的动力。

比如，父母为孩子讲述我国著名数学家苏步青的故事、华罗庚的故事，让孩子在伟人的经历中感受平凡人的无限潜能，鼓励孩子勇敢地面对挫折和挑战，这些精神的力量要远比单纯的数学知识有用得多。

回忆我们的过往，在人生中搀扶我们一路前行的有陪伴我们的父母、帮助过我们的老师，以及引导过我们的启蒙人，正是因为有了他们的扶持，才让我们面对荆棘时不气馁、不灰心。

孩子的价值观、志向都是其精神力量的核心，会释放出无比巨大的热能。因此，积极的心态和高远的志向非常重要，它的重要性已经足够让我们要专门给孩子进行这方面的启蒙。

需要提示的是，儿童数学深度学习思维的启蒙由于初始时会受到孩子年龄阶段的限制，父母要了解孩子的身心特点，做到"玩中学"。

深层次生活空间

数学深度学习空间中有概念、问题、推理和解决方案，数学深度学习能力也要有这4种能力。

那么，一个人形成概念的根从哪里来？概念能力的来源是什么？其实就是日常生活。人对于现实世界的认识、把握、接触都很重要，但是能否转化为有意义的概念，能否越过黄金边界成为数学概念。比如操场上有很多孩子在跑步：

日常概念：跑步、锻炼身体、操场、晨练等。

数学概念：速度、速度的比较、速度和距离之间的关系等。

日常概念孩子能够在生活中直观感受到，但是数学概念需要孩子进一步探索和理解。

概念是数学深度学习空间中最重要的能力之一，大多数父母没有这个意识，即培养孩子概念的形成能力以及从日常概念向数学概念的逐级迁移能力。

其实在深层生活空间中孩子就可以接触到一些深度学习的概念，比如，父母和孩子谈对工作的思考实际上就是给孩子分析、拆解概念的过程。孩子被父母的工作话题带到了一个深层的空间中，这里虽然不是数学，但同样是深度学习的空间，因为任何学科的深度学习都是对很多深层概念的学习，伴随着很多问题，面对很多完整的逻辑，寻找很多复杂的解决办法，甚至是在互相冲突的解决方案中进行挑选。孩子在听父母的选择标准、取舍的过程时就是一个深度学习的过程，父母在为孩子展示自己深度学习的空间。

父母如何有意识、有安排地让孩子生活在自己设计的深层生活空间中呢？

父母要有意识地将事例、事理向更深层次的概念、问题、原理、完整的逻辑进行延伸。父母拿着事例讲事理，多次反复以后讲出里面的主题核心概念，讲清楚这些概念在事件、逻辑中的地位和作用。很多事例都来源于生活，同学之间的纠纷、对业余时间的看法、对理想的看法、对偶像的看法等，这些都是一些日常的事例，但是能够触发家庭对于事理的探讨，能够触及对更深层次的价值观、人生观的探讨，父母以身作则的一些引导、一些认识和总结也能够触发孩子对于更深层次概念的总结。我以电影《八佰》为例，看完电影，我和女儿聊天，我讲事例，女儿讲事理，女儿第一次讲得不多，第二次多了不少，后面越讲越多。讲完事理后，我问女儿："这些人是不是傻？对面的中国人在租界里抽雪茄、喝洋酒，这边的中国人在打仗，这两拨中国人有什么区别吗？"女儿开始回答问题，并且在回答问题时产生了很多新概念，如战争面前没有什么规则等，女儿也会对新概念不断深化。

后来女儿讲道，只有我们每个中国人都很强并回来报国的时候，我们的国家才会更强，其实这部电影就是让人们觉醒的，只有国强才不会被人欺负，我们才能真正有好的生活和国际地位。现在播放这部电影就是警示我们现在做得还不够，我们不能忘记过去，因为世界深层次的规则从未改变过。

当女儿讲到这里，我激动地握住她的手说："你真了不起！你讲的这些都非常好、非常对，我为你感到自豪！你开始学会总结深层次问题了，发现了新概念，有自己独特的视角、独特的问题群、独特的逻辑，你尊重事实、尊重人性而且爱国，我觉得你非常了不起！"这是极为重要的来自于父母的对于孩子深层次学习的肯定！

因此，父母要做两件事，第一件事是要有机会、有安排地为孩子设计深层的生活空间，带领孩子在其中生活和学习，让孩子有机会养成深入思考的习惯，使孩子在面对事例时一定会去挖掘背后的事理、概念、问题、逻辑等，不要浪费掉使自己思维成长的机会。第二件事就是要及时反馈和肯定孩子在深度学习中取得的概念和成绩，对于孩子发现概念的能力、问问题的能力、完整的逻辑能力、解决方法能力的提升，父母要及时肯定和鼓励，父母的态度代表的含义非常深远，是孩子深度学习和概念层级不断深入的根。

孩子的思维如何生长？土壤就是父母创设的深层的生活空间，根就是父母对孩子非常认真、周到的肯定。"孩子，你终于明白了这就是真正的爱国！这就是真正的上进！你终于发现了核心的问题和巨大的差异……"这就是孩子概念成长、逻辑成长、解决问题能力成长的能量之根，是良性循环最重要的环节！就是要把所有正面的信息、正面的激励、正面的因素进行加工和循环，让孩子的内心远离负面的信息。当孩子呈现出自己的深度学习现象时，父母要告诉孩子，这就是深度学习，这种学习将陪伴你的一生。

父母培养好孩子深度学习的习惯和意识，会使孩子在未来越来越优秀，成长的加速度会越来越大，这就是父母的耐心陪伴和及时的肯定反馈创造出的价值。

启发式教育

儿童早期数学启蒙的基本问题是如何选取教育方法，也就是我们用什么样的方法来教孩子认识数学。在此我先跟各位父母分享一个故事，这是一个真实的案例。

当年，交通大学电机工程系里有一位非常了不起的、我们国家电机学的奠基人之一钟兆琳先生（中国电机工程专家、电机工程教育家、中国科学院学部委员），这位老先生影响了好几代人，对我们国家的电机事业做出了非常大的贡献。

钟兆琳先生毕业于南洋大学，也就是交通大学的前身，钟先生在电机系毕业后去了美国康奈尔大学深造，在美国的西屋电气工作过，回国以后在交通大学做教授，也是电机工程系的系主任。

当时去交通大学读书的，但凡是工科系的学生几乎都知道电机系钟先生的声誉。我看过钱学森先生（中国航空之父）的回忆录，他在去美国之前说他对交大印象最深的、最佩服的人就是钟兆琳先生。

我为什么要提这位先生？因为他是我父亲的本科老师，父亲当年在交通大学电机系读书的时候受钟先生的影响和启发非常大，念念不忘，刻骨铭心。并用这种方法启蒙了我，而我也用这些方法教育我的孩子。这种方法就是启发式的教育方法，它非常开明有效，影响了包括钱学森先生在内的很多老前辈的一生。

什么是启发式教育？

简单地讲，就是不直接告诉你解决方法的教育方式。在数学中就是不直接告诉孩子解题的答案和路径，也不直接告诉孩子这个情境中的所有元素、事物、数学概念等，而是启发并协助孩子去自我发现，让孩子自己去识别这些情境中的元素，学会按照自己独特的方式去思考、发现和解决问题。

天下没有千篇一律的发现模式，孩子要形成自己的发现模式，与此同时接受别人的启发和帮助，自己走完发现的路径，从而达到解决问题的目的。在这个过程中，孩子会产生巨大的变化，形成独立思考的习惯，并会以此为乐。

而启发式教育的一个重要方式就是提问和交谈。比如，父母带孩子去饭店吃饭时问：这家饭店的菜品如何？哪个菜做得好吃、哪个菜不好吃？为什么？酱油多了还是醋多了？如果你是厨师，你觉得怎么做好？

我们要培养孩子的整体性学习风格，其实就是让孩子在这种启发式教育下发生根本变化。学习风格是一种稳定的学习策略，一种形成深刻的自我内向性思考、发散性思考的习惯状态。

这种由启发式教育方式形成的整体性学习风格会对孩子的学习产

生很多帮助，也很容易形成孩子特定的某一块知识的集群，快速而且牢固，孩子的记忆能力会非常强，因为是孩子自己寻求和发现的，老师和父母只是辅助了孩子，但是真正的发现是孩子自己完成的，不是硬灌，也不是死记硬背。

比如，有些孩子喜欢恐龙，他们自己就会利用各种途径搜寻关于恐龙的知识并且记忆深刻，他们会问父母、看视频、上网搜索等，这些知识集群积累的速度之快远超大人的想象。

启发式教育对于数学这一类学科的启蒙非常关键，如果教育和引导不得其法就会导致孩子对学习产生厌烦，对事物本身失去兴趣，也会产生很多误解，认为事物的发展过程和内嵌在这里面的关系是死的，会误解人脑与客体认知的互动关系，会认为是得之即来的，会降低对自己能力的评价，也会影响对自己思维的认识。

启发式教育是把孩子动态化了，主动化了，能培养出一个"动"的孩子。

父母要给孩子设定一些非常好的启发式路径和工具，甚至是一些习惯，让孩子自己成长。在这种教学方法下，孩子作为学习的主体动起来了，孩子不再是坐等着接受被动的教育，不会认为教学是老师的事情，自己只是来听课的。

培养孩子的数学深度学习思维就是要培养这样的习惯，而不是让孩子在潜意识里认为我是来上课的，孩子在内心中知道父母和老师是来启发自己的，但是需要自己走完这个过程，要自己成长。父母和老师就像是土壤、阳光、水分、微风，孩子就像是种子，要自己去吸收环境中的养分，发芽、抽条、向上生长。

也许小苗露出土壤的部分还很小，即孩子的具体知识还不是太多，但是在孩子的心灵头脑中有着庞大的思维根系，能够在未来快速地汲取营养供自我成长，这才是孩子未来的成长能力。

我们要培养的就是孩子强大的思维根系，这是孩子未来能从环境中吸收养分、蓬勃成长的前提，庞大的根系比暂时显性的抽芽、生长速度和粗壮程度都更为重要。我从来都不认为一个五六岁的孩子懂得小学三四年级的具体知识有什么了不起，那些知识不会在未来困住孩子的发展，但是一个孩子如何思考、问了什么样的问题，有哪些具体的思考路径和方式才是最为重要的。

启发式教育的重点就是要培养出孩子强大的思维根系，为孩子未来的成长打下坚实的基础，孩子的数学深度学习思维能力比知道简单的数学知识更为重要。

孩子们掌握好这样的数学深度学习思维习惯，培养好这种能力以后，他们对于客体的认识效率和效果都会特别好，因为他们自己掌握着认识客体知识的好方法，在这个过程中，我强调用出声的思维训练孩子，强调口算。

我们要让孩子用出声的思维提出自己的疑惑，把自己的思维过程显性化，而且即使孩子都说出来了，也需要不断地补充和重复，因为还有很多尚未意识到的要素。

比如，孩子在公园里看到漂亮的甲虫，一开始孩子可能只看到甲虫的颜色和大小这些最为直观的要素，父母此时需要开始引导孩子进一步去观察诸如甲虫的栖息处、形状、形态、行动路径等他们还没有意识到的要素，让孩子顺着自己的观察路径进行思考。

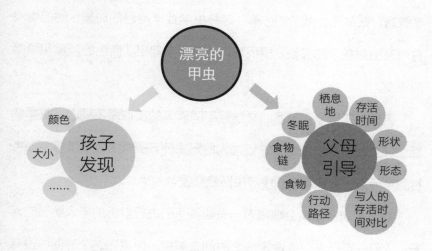

孩子们其实已经掌握了很多重要、深奥、复杂的逻辑，只是在显性思维中还没有那么强烈，人潜意识中的思维都是极其复杂和多元的，在启发式教育下，孩子会逐渐意识到自己的潜意识，从而发生重

大而快速的变化，使思维水平发生质的变化。

不要强行培养数学兴趣

很多人都说要学好数学就要有非常强烈的数学兴趣。很多父母也都这样教育孩子，"你对数学要有兴趣"。但是，大家仔细想一想，学数学真的是靠兴趣吗？数学兴趣是能够被强行培养的吗？

在我二十多年金融行业的工作生涯中，遇到过的很多同事都是名牌大学毕业的，有一些还是数学系毕业的，但即使他们受过很好的数学教育，在面对比如"牛吃草"这种小学数学问题的时候，他们也没有表现出对数学的喜爱，相反地，他们都表现出了面色的凝重和隐隐的不安。

人们对于数学、艺术、文学等不同情境的反应是不同的，数学情境往往会使人紧张和焦虑，因为人们无法一下子抓住数学情境中的各种复杂元素，会在潜意识中产生回避心理。

数学情境中经常会埋藏着一些需要人们进行解析的不太熟悉的元素，人们在自己内心会设定一个时间去解题，如果在这个时间内没有解出答案，就会产生焦虑，并开始躲避。

同样，孩子在碰到数学题时，他们也会经常感到焦虑和不安，父母或老师也会让他们在有限的时间内解决问题。在这种有限时间内解题的情况下，当然很难让孩子对数学产生兴趣。因为他们能够想象到或者能够真正解析掌握情境的能力是非常有限的。

回顾小时候父母对我的培养，特别是父亲对我数学深度学习思维方式的培养，很重要的一点就是不强行培养数学兴趣，而是培养一些更重要的数学深度学习思维想象力的习惯和生活习惯。生活习惯是需要家庭、父母一起来培养孩子的，要一起造就和激发形成孩子的习惯。

小时候，父亲在日常生活中无时无刻不在锻炼着我的数学深度学习思维习惯。比如，父亲经常问我对于家里家具摆放位置的意见，并按照我的设想进行调整；又比如父亲做饭时会让我摆放炉子、煤球等，让我在日常生活中去思考这些事物之间的关系，如何调配能够使人心灵舒适等。

如果我们把培养孩子的数学兴趣作为目标的话，反而会额外增加孩子的数学焦虑，对数学产生敬畏。这种培养数学兴趣的教育方式会导致当孩子以后走入数学殿堂的时候产生很大的心理压力，因为这是一种硬生生的走入方式。

孩子硬生生地学数学不但无法形成数学深度学习思维，也没有数学能力，未来的数学发展和对其他学科的积极影响也不会太大。

在此，我也提示父母们，不要在对孩子的学习预期上发生基本错误，一味地强调数学兴趣只会给孩子造成更多的压力和焦虑。

在孩子没有真正走入数学殿堂之前，最重要的是要培养孩子的数学想象力和思维习惯，用来解析日常的生活情境，培养好这种生活习惯后，当缓缓驶入数学这个大家都不太喜欢和习惯的领域后，孩子们的天分才能慢慢被激发出来。

当用语意展示事物时为何孩子容易理解？

用语意创设的事件，由于在日常情境中有着直接对应物，所以无论孩子还是成人都比较容易理解。比如，牛顿问题中用语意创设的牛吃草事件，无论是8头牛、5头牛，还是草在生长都是很好理解的。但是，在开始加入加减乘除这些数学概念以后，就在日常生活中找不到直接具体的对应物了，这时候实际上已经开始进入抽象了，比如每头牛的吃草速度等。

萌生的数学抽象元素脱离了日常生活情境中的直接对应物，需要在大脑中重新创设这些抽象的要素了，这是第一步，实际上是产生了数学反应。第二步则是将这些抽象的要素和具体的事物进行比较，则又会产生出新的抽象要素。再下一步是将这些抽象的要素之间再进行比较和对应……就像DNA的图像一样，两个基因不断螺旋上升形成新的事物，不断地抽象形成新事物，这就是数学的特点，也是孩子会觉得数学很难的原因。

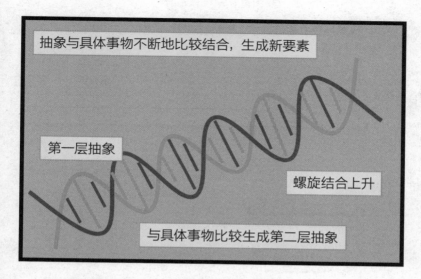

数学情境的解析类似DNA不断重构螺旋上升的过程

在还不能借助比如设立未知数"X、Y、Z"的方法求解这类数学应用题的时候，很多数学情境应用题就需要从最基础的情境中一层层深入、抽离、比较，如果没有经过正确的启蒙和引导，不要说孩子，就连成人也会发蒙，很多父母解不出小学数学题的原因也在于此，因为他们只是停留在第一层最表面的语义对应的日常情境中而无法抽离出来。举个例子：

例题：

两个人做苹果派，第一个人比第二个人多做了40个，是第二个人的3倍，两个人各做了多少个？

这道题怎么做？首先，我们还是要简化，进入至简世界。

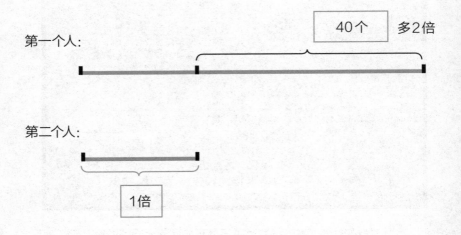

第一个人：

40个 多2倍

第二个人：

1倍

"多"和"是"是两个概念，需要同质化才能比较。当简化为第一个人比第二个人多2倍时就能比了，多2倍对应的数量是40个，于是多1倍就是多20个，所以第二个人做了20个，第一个人做了60个。

这道题目比较简单，只涉及一层的抽象，孩子容易懂。然而如果没有经过专业的数学启蒙和正确的引导，孩子不太可能完成层级很多的独立抽象思考。

孩子们对日常情境很熟悉，但是对日常中不存在的抽象概念很难记住并做好对应和对比，也难以熟练掌握和运用，会对数学应用题因陌生而回避、因回避而发蒙。而想要启蒙和引导孩子的数学抽象能力，就应该培养好孩子的自我提问、出声的思考、不断叠加的探究能力。

我们要非常珍惜孩子问为什么，在孩子展示出这种潜力的时候，好好地保护好这些珍贵的智慧。我们不知道答案时可以和孩子一起查，一起讨论、疑惑和猜测，陪伴孩子在数学上用出声的思维一起探究，让孩子持续地提问。

一些孩子的问题简单原创，非常朴素，非常珍贵。比如，孩子会问：闪电从哪里来？为什么会有风？为什么有坏人……在孩子问问题的过程中，我们不会的可以陪着孩子深究，即使我们不深究也不要打断，要鼓励孩子自己继续探索、查询，把自己的思考过程说出来，而不只是为了寻求标准答案，因为很多提问都是不可能有标准答案的。孩子们如何思考？如何建立要素间的联系？如何运用各种元素论述自己的观点？如何按照自己的逻辑深入探究下去？这些才是至关重要的。孩子的深思熟虑是觉醒的过程。孩子反复的出声思维，对问题反复的深究和修正，与父母和同伴之间不断的互动，甚至是反复的自言自语，都是孩子在对自己的数学深度学习思维不断地认识和觉醒的过程。对此，我们要积极地引导和呵护。

第三部分

Part3

数学深度学习
思维启蒙方法

    每个家庭都是独特的，每个孩子也是独特的，父母是最了解自己孩子的人，本章内容是一些数学深度学习思维启蒙的研究方法，希望可以给父母带去一些启蒙孩子思维的方法，并结合孩子的自身特点因材施教。

第一章　情境启蒙法

情境转化意识

儿童在3岁至9岁时，我们要让孩子非常清晰地知道日常生活和常识中含有大量的数学知识，要让孩子在生活中体味数学、发现问题，并逐渐习惯将日常情境转化和呈现为数学情境，这就需要父母具备随时随地向孩子提问并鼓励孩子向他人提问的意识。

比如，有小朋友到家里来玩，在给小朋友分发糖果时就可以进行此类日常情境向数学情境转化的游戏。

例题：

孩子们，我们来玩个游戏，如果我现在要给你们3位小朋友发50颗糖，第一个人比第三个人多15颗，第二个人比第三个人多8颗，那么你们每个人得到了多少颗糖呢？

父母们可以在这种游戏中与孩子互动，举一反三地进行多类问题的尝试，延伸和孩子有关的生活情境，使其转换为数学情境。

这是一种情境的演化生长问题，可以发现得到糖果最少的人是第三个人，我们用画图来简化进入至简世界。

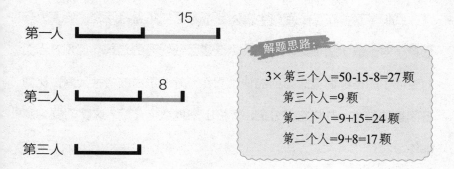

第一人 ┣━━━━━━━ 15 ━━━━━┫

第二人 ┣━━━ 8 ━━┫

第三人 ┣━━┫

解题思路：

3×第三个人=50-15-8=27 颗
第三个人=9 颗
第一个人=9+15=24 颗
第二个人=9+8=17 颗

在谈论数学情境的时候，我们还要告诉孩子情境中速度、变化、刻度等数学语言的存在，给孩子多一些包含日常生活语言的数学情境，父母会收获意想不到的启蒙效果。

比如，我们可以拿两张纸，在纸上点点儿，给孩子展示区域集中，我们在一张纸上点的点儿密一些，在另一张纸上点的点儿稀疏一些，让孩子直观地体会集中和分散的概念。

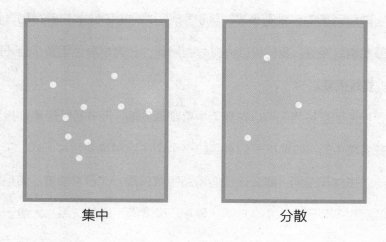

集中　　　　　　　　　　分散

我们发现，让孩子用数学主体意识来思考和看待问题，会大大降低孩子对于数学情境的陌生感，降低迎面数学时的焦虑。但是，当面对生活中的各种情境时如何能快速看全、分清里面的各种元素，找到各因素的特点，并将它们分析、解析出来再数字化呢？这就需要刻意地练习。

刻意练习

对于数学情境的熟悉度、想象力程度，决定着一个人对于事物的把握度。数学情境是跨空间的，打造数学情境的方式不同于打造语言情境，依靠语言反复读题可以让人们增加对于情境中事件的理解，但是难以迁移到数学情境中。因此，我们需要刻意地练习孩子用画图的方式来进行转化的能力。

形成情境的因素有很多，从3岁至9岁的儿童数学想象力和认知培养的角度来看，我们可以将其分为两类：一类是显性因素；另一类是非显性因素。

显性因素是我们可以在情境中直观看到的，而非显性因素则是隐藏在情境中的，如果孩子们看到的一个个生活情境像照片一样，只含有一些物体和空间，那么孩子们看到的就只是一个日常情境。如果孩子能观察到杯子有大小、形状、体积、高度等不同的关系；大盘子和小盘子之间有比例关系等时，说明孩子已经能够将日常情境转化成数学情境。

语言情境向数学情境的转化需要借助结构图、元素图等，当用这些数学情境图将情境中的元素展现出来的时候，就超越了语意中的邻近连接的联想方式，会极大地简化原情境，也可以开始重述规则，把这些元素重新连接起来。

例题：

三个人叠小船，第一个人和第三个人共叠了48个，第二个人和第三个人共叠了36个，第一个人和第二个人共叠了28个，问：三个人各叠了多少个？

我们要带着孩子用构建数学情境图的方式将日常语意情境向数学情境进行转化，用分类等方式把直接对比的关系和量找出来进行分析和思考，使语意情境迁移到数学情境中，并且可以使用数学概念进行直接对比，也使数学联想成为可能。

数学情境的转化：
由第一个人+第三个人=48个，第二个人+第三个人=36个，
可以推出第一个人−第二个人=48−36=12个，
即第一个人=第二个人+12个。

当思考到这里时，孩子们后续的做法就能体现出是否具有简化的数学深度学习思维。"="的意思就是简化，就是把两个不同的东西变得相同了，这是非常重要的、至简的数学深度学习思维。具备这种思维的孩子后续的做法是继续简化，把第一个人和第二个人都换成第二个人或者第一个人来看待。

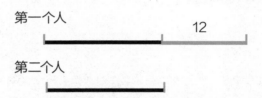

继续简化：
由第一个人+第二个人=28个，第一个人=第二个人+12个，
推出第二个人=（28-12)÷2=8个，
于是第一个人=8+12=20个，第三个人=48-20=28个。

数学情境的抽象化需要对情境中的元素进行重新分类、抽取、组织成对应的量。用构建数学情境图的方式将日常语意情境向数学情境进行转化，用分类等方式把直接对比的关系和量找出来进行分析和思考，使语意情境迁移到数学情境中，并且可以使用数学概念进行直接对比，也使数学联想成为可能。

在日常生活中，我们要刻意训练孩子将生活情境向数学情境转化的能力，帮助孩子们早些熟悉数学概念，将这些基本的数学情境根植在孩子的潜意识中。

孩子在解析数学情境的时候，首先要找到显性因素，然后思考非显性因素，通过反复的出声思维帮助自己思考。不要求快，而是要在孩子9岁前培养好这种思维习惯。

我们可以分两步来引导孩子思考情境，第一步跟孩子一起找情境中的显性因素，问孩子能看到什么；第二步引导孩子思考情境中隐含的因素或条件。

我们先看一个经典的概率问题："如果一枚硬币抛了999次全部都是正面朝上，那么下一次正面朝上的概率是多少？"读到这里，也请家长们想一想，给出你们自己的答案。绝大多数人可能会回答"1/2"。理由是：硬币只有两面，那么正面朝上的概率肯定是1/2。但是这里忽略了一个最基本的条件，那就是只有我们拿到的是一枚均匀硬币，这个结果才成立。而题目中并没有说给我们的是一枚均匀的硬币。

事实上，历史上的确有人对这背后的数学原理进行了探讨，他非常好奇为什么我们会相信明天太阳会从东方升起，这背后隐含着什么样的数学结构。这个人是英国的一位叫作托马斯·贝叶斯的牧师，他基于生活中的好奇建立起来的理论体系为两百多年后的世界带来了巨大的影响。

由此，我们可以看出一个情境中会内嵌着多种数学因素，这些都是父母能够引导孩子在日常情境中进行数学思考和培养数学思考习惯的鲜活素材。在看到情境中第一层显性事物时，没有数学主体意识的孩子不会习惯于将其创设为一个数学情境，因为在创设数学情境时，需要孩子能够认知到数学情境中的显性与非显性因素，并且要能够进一步发现各种数据因素之间内嵌的关系。

比如，面对"牛吃草"的数学情境时，我们可以这样引导孩子："你想一想，牛能吃多少草呢？草每天都会生长吧？"进而引出孩子对于牛的饭量是一定的和草的生长速度是一定的的认识。

例题：

一片草坪够15头牛吃20天，或者够20头牛吃10天，那么每天生长的草量够几头牛吃？

这道题给的条件是牛的数量和吃草的天数，这两个条件没有直接关系，要想让两者之间产生联系，首先需要增加假设条件，假设1头牛1天吃1份草。这么多头牛，它们的饭量都一样吗？现实生活中确实一样，但是如果我们想解决这个问题，只能假设每头牛每天吃草的份数相同，因为如果牛的饭量都不一样，信息量就太大了，是无法思考和解题的。

题目中还有一个隐藏的条件没有说，就是草坪上是有初始草量的，这个初始的草量就是一个常数，否则的话牛就没的吃了。因此，这类题目中隐藏的信息是：

隐藏信息：

①初始的草量一定；
②每头牛的饭量一定；
③假设1头牛每天吃1份草。

根据这些信息，我们可以画出如下简化图：

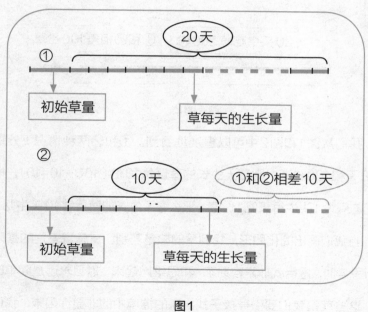

图1

现在我们把涉及草的所有变量都变成可以看到的固定量了，通过画图我们可以很容易看出两个图形比较的差就是相差10天的草的生长量。

在此基础上，我们来考虑牛的问题。这道题中有两个情境，我们假设过1头牛每天吃1份草，那么情境①中我们就可以得出15头牛20天吃了300份草；情境②中，就可以得到20头牛10天吃了200份草，两者相差100份草。

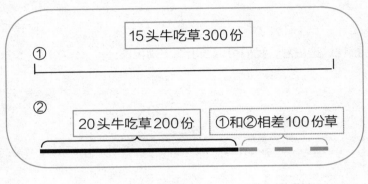

图2

我们从图1和图2中可以直观地看到，①和②两种情况下分别相差10天和100份草，则每天生长的草量是10份（100÷10=10），根据我们的假设1头牛每天吃1份草，那么每天生长的草量够10头牛吃。

当我们画出简化图形，找到草的总量差别，在总量差别的基础上进行思考时，题目就非常容易了。和思维比起来，题目永远是简单的。

这些就是我们要引导孩子找出来的情境中的非显性因素，我们要培养孩子多解读日常生活情境，多进行这种数学深度学习思维的训练，会非常有助于孩子找到数学情境中的显性因素和非显性因素。

第二章　启蒙技巧

打造数学记忆力

数学的记忆力不是来源于背题、背公式，那样只会使孩子更加不愿意思考，思维会越来越僵化、难以扭转，孩子会认为只要记住公式就可以解决数学问题了，就不会进行数学深度学习，浪费数学天赋，这是非常可惜的。数学的记忆分为三个方面，即数学概念的记忆、解题规则的记忆和题目语意的记忆。

当用语意展现一道数学题目时，我们可以记住客观物体和事件，这时的记忆只是语意的记忆。将这些日常事件的数量进行加减乘除之后，就变成了数学情境中有数学性质的新概念，即相关的一些特征的集合。

例题：

一个数乘以2，加上5，减去3，最后除以2，结果是20，问：这个数是多少？

这是一个典型的概念不断叠加形成新概念的情境问题，在面对刚刚形成的新概念、新情境的时候，不要说孩子，就是成人的记忆力也不会很强，更谈不上熟练应用。由于有更多可以借鉴的经验，成人对于现象或事物的理解能力往往比孩子要强，但是概念的应用能力却未必如此。

这道题的概念最终变成了1个常数，意味着最终的状态就是至简状态，所以我们需要倒推。

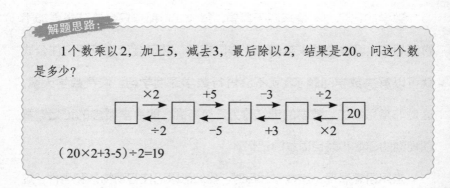

解题思路：

1个数乘以2，加上5，减去3，最后除以2，结果是20。问这个数是多少？

（20×2+3-5）÷2=19

与理解能力不同，应用能力是要求在新环境下使用和操作的，如果是新东西，就意味着成年人也没有操作它的经验，也许成年人见过别人怎么做，但是在操作上和新手其实相差不大，所以千万不要太自信。也许成年人拥有间接的经验，但是自己未必能够操作好，就像很多人炒股前觉得自己已经掌握了炒股的技巧，但是实际一操作就会亏本。

接下来，需要在新概念上产生很多联想，并且和其他概念相互比较，也就是数学的推理，这种推理能力需要正确地引导、反复地练习，孩子们才能熟悉。

如果我们认真思考就会发现任何一个数学概念的提出，背后都有一个不断抽象的逻辑演进过程，其最终的结果就是我们看到的数学概念。我们需要把那个演进的过程展示给孩子，这样孩子们才能在运用这些概念时真正体会到概念中的要素为什么要这样设计，甚至在需要的时候还可以创造自己的数学概念。

比如，我们以"速度"这个概念为例来还原一下这个概念的演进过程。设想我们还没有"速度"这个概念，这时我们只需要用"快"和"慢"这种定性的描述就足够了。我们会说，"爸爸比宝宝走路快，妈妈比宝宝走路快"，但我们会发现这些"快"背后也有差别，看我们以谁为参照，或者为了验证谁更快，需要真的比比看才知道。

如果我们没有进行这种比赛的条件怎么办？我们可以把这种直觉上的"快"和"慢"变成一些数字，那比较的问题就很简单了，不再需要真实的比赛。这就是从定性的过程向定量的过程迈进了一步，我们暂时将这个我们设想的量叫作"速度"。该如何得到这样一个表达快慢的"速度"呢？我们发现"快"意味着用更短的时间走了更长的距离，而"慢"则相反，用了更长的时间走了比较短的距离。因此，我们会考虑到速度一定跟时间和距离有关系，联想到比赛的规则一般就是在固定的距离里面看谁用的时间短，那么用时最短的肯定速度也就最快。

另一方面，我们也可以把时间的量对齐，在相同时间内跑过的距离越长，速度肯定更快。这样我们就得到了"速度"这个概念在直觉上逻辑演进的过程。然后我们把相同时间看作一把尺子，给它取一个名字叫作"单位时间"，那么速度就表达为单位时间内走过的距离。但是这样的定义还只是暂时的，如果我们把1分钟看作单位时间，日常生活中一个人如果全力跑1分钟，单在这个过程中他的快慢是不平均的，刚开始他快一些，后来逐渐慢下来，最后冲刺又快起来，我们要怎么看待这个变化的过程呢？一个办法是把我们的单位时间变短，1分钟变成1秒钟、1毫秒甚至更短，直到在某个单位时间的长度选择内这个人的快慢没有变化为止，这时我们得到的速度才是我们比较严格上的定义。

由此可以看出，一个非常简单的数学概念背后的逻辑演进过程是多么丰富，真正的数学记忆就是源于这种深层次的思考和理解。

因此，学好数学不能依靠死记硬背，因为数学深度学习的思维方式是一种不断构建新概念、新情境、新联想、新推理的方式，没有单一的路径，需要构建的是深层次思考的网络结构，在这个网络中，各种新生成的数学概念就是节点。孩子们需要找到不同新概念之间或者新概念与原有元素之间的联系，从而继续深入思考。

在数学中，对于数学概念的记忆比解题规则的记忆更为重要，数学概念记忆是数学启蒙中孩子需要具备的基本素质。

我们要培养孩子们新创设概念的记忆并利用其向前推理的能力，

这是需要着重培养的重点，而解题规则的记忆在日常的课程辅导中更为适用。

例题：

> 猴子吃香蕉，第一天吃了这堆香蕉的一半多5根，第二天吃了剩下香蕉的一半多10根，还剩下10根，问：这堆香蕉原来有多少根？

在这个情境中，孩子知道一半、剩下一半的概念要比知道具体的数字更重要。一半、剩下的一半是未知的，5根、10根是已知的，孩子找到这些概念代表着他们能用数学语言进行表达，也证明了他们找到了转化为至简数学情境的路径。那么解题也就变得很容易了。

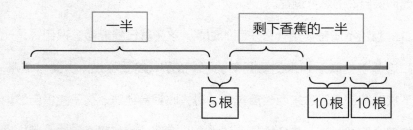

解题思路：

> 剩下香蕉的一半 =10+10=20 根；
> 第一天剩下的香蕉 =20×2=40 根；
> 一半香蕉 =40+5=45 根；
> 原有香蕉 =45×2=90 根。

当孩子们具备了数学概念记忆能力后，他们就能很快地把解题规则记忆迁移进深层次的网络结构中，并做出有效的推理。

当我们在生活中给孩子讲明数学的基本概念后，我们会惊讶地看到孩子会默算、会潜在的推理、会举一反三。我女儿在5岁多时有一次想买玩具，我说，"这个东西需要花钱买，爸爸没那么多钱"。女儿于是就跟我谈钱的事，让我去上班挣钱，她将自己买糖果、买玩具的事情都与钱联系上了，推测妈妈钱多还是爸爸钱多，推测如果爸爸、妈妈都上班没人陪自己也是不行的，等等。

孩子将与自己有关的身边大小事物都联系起来，按照思考的顺序做出自己的推理，就是我们所说的逻辑。其实对于孩子而言，这只是他们很自然的思考过程。

当还不清楚钱是什么东西的时候，孩子就已经能够意识到钱是能和这些事物联系起来的重要事物了。孩子只需要看过一次父母结账，下次就知道自己拿东西然后拉着父母去收银台结账，孩子能很自然地将整个购买过程，包括挑选、结账等一系列步骤都联系起来，逻辑推理能力就是如此培养起来的。

一些父母认为孩子的记忆力不好，其实不是，孩子只是对新创设的数学概念不熟悉而已，对不熟悉的事物又如何能快速记忆并应用呢？因此，我们要让孩子们早日习惯数学概念的创设和应用，形成深层次的数学深度学习思维记忆。牛津大学有一门传统课是辩论课，培养的就是学生们不断创设新概念和情境，再用新概念说服对方的能力。

举个简单的例子，比如：

1个碗，这是一个日常情境；

1个碗的容量，这是加入了容量的数学概念；

3个碗的容量，这是加入了加法的数学概念；

3个碗减去1个碗的容量，这是加入了减法的数学概念；

3个碗减去1个碗的容量和1个碗的容量相差多少，这是加入了减法和对比的数学概念。

我们要让孩子们长期浸泡在数学情境中，训练他们与数学相关的概念记忆和比较能力，推理中用记忆、记忆中用推理，这种思维方式就是原创思想的产生过程。

纵观数学史的发展，就是与记忆相关的数学概念和规则的发展史，数学深度学习思维为何容易产生跨学科的思维？就是因为在产生新概念的时候会借用其他学科中的元素继续向前推演。比如博弈论，就是加入了人性、社会群体等元素继续深入思考和推演而产生的。因此，数学是在新概念的记忆基础上进行比较、对应，发现新规律的学科，而不是单纯依靠背公式的学科。

数学强调对于情境的理解，反复的深思才是数学记忆的关键，而

不是一遍遍的简单重复。大师从来不会一字不差地记忆事物,他们把记忆搬离之后会超越原有内容。爱因斯坦就说过他根本不会去记声速,因为在哪本书上都能找到。大画家黄胄临摹别人的画,临摹的作品会和原画作很不一样,有人问其原因,黄胄说是因为他在临摹时充分理解了原画作,并加入了自己的理解。

当我们能够把一个学科的基本概念搞清楚的时候就会很了不起,因为这些都是经过历代科学家千锤百炼出来的。所以,理解和深入的思考是第一要务,而不是单纯地背。因此,我从来不提倡单纯的记忆力训练,训练记忆力不等于训练数学深度学习思维,孩子们应该训练的是对数学情境深思的能力。

记忆力等于回忆力吗?大家都知道电脑,电脑就是模拟人脑的工作原理,但是存储、检索和提取是不一样的。存储只需要考虑数据库的容量,检索和提取则需要回忆线索的再组织及再概括的能力。一个事件、一个记忆的内容会有十几种标志和特征,比如颜色、形状、动态规律等,这些标志和特征并不是存储在一个固定的地点,而是存在了头脑中的不同地点中,需要调用的时候再将这些内容从不同地点提取后拼接起来。

熟悉到什么程度?熟悉到虽然没有刻意地再去记忆但是依然对这件事很清楚。比如,提到水杯,我们都会想到水杯大多是圆柱形的,有把手、杯沿等,这些特征是被记在头脑中的不同地方的,需要调用的时候再从不同地点提取并组合起来。这就是记忆与回忆的区别，记忆与回忆是两个过程。

记忆力其实是灵活思考能力的一部分，是非常重要的能力。例如看图说话、回忆电影、复述一天的生活、评价某个事件、创造后面的假设以延续事件、中间加入假设讨论事件如何变化等，都可以训练真正的记忆力。最高级的记忆力是把事物的所有特征都记住了，也都忘了，但是可以随时调用和添加。

非凡的数学记忆力源于数学化的生活情境，没有生活情境的大量积累，孩子数学化的过程就会很难，难以形成真正的数学记忆，靠死记硬背是不行的。

数学的记忆都是伴生性的，这种伴生性记忆有着极大的灵活性。孩子需要在情境理解的基础上，知道如何使用这些情境里涉及的概念、规律、规则，或者是一些思考的方法和公式。

那么，数学中有没有需要死记硬背、机械记忆的东西呢？是有的，但是我相信数学中机械记忆的枯燥程度是所有学科中最少的。

孩子在练就童子功的时候应该得到真正有效的引导和训练，如此才能深入理解和体会数学的美、数学的哲理和原创性，养成自主思考和探索的习惯。

比如，斐波那契数列：0、1、1、2、3、5、8、13、21、34……

看上去很深奥，从表面上看不出这些数字的规律，但其实它背后的原理来源于对小兔子繁殖速度的思考。

例题：

　　一对雌雄小兔子经过1个月成为成年兔子开始繁殖，每个月产下一雌一雄，那么每个月有多少对成年兔子？

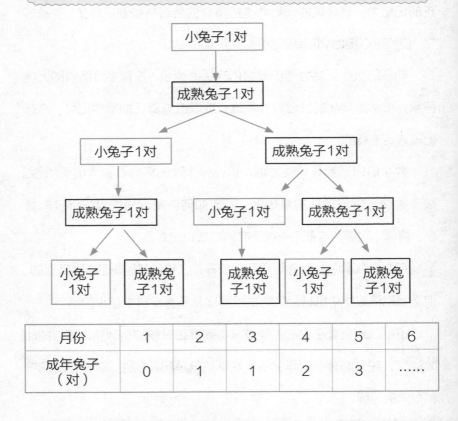

月份	1	2	3	4	5	6
成年兔子（对）	0	1	1	2	3	……

　　当我们还原斐波那契数列的思考过程时，孩子就会非常容易理解

和记忆了，孩子会觉得很有意思，会把自己的思考画在纸上，会将之形象化，甚至还会提出更多的问题。

当人在用理解情境的方式理解问题、解决问题，进行发散性思考的时候，人们产生和调用的大脑容量是相当巨大的，会产生海量的记忆。

比如，我的一位朋友在和孩子共同阅读关于山火的文章时，书里写到闪电可以引发山火，然后孩子就问她闪电是如何产生的。她并不知道这个问题的答案，于是两个人一起查资料探究闪电的形成原理是由于积雨云上下层携带正负电荷引起的一种自然现象，并且知道了闪电的热度是太阳表层温度的3倍到5倍等很多知识。

在这个过程中，孩子调用大脑进行了很多思考，孩子和母亲都提出了很多问题，比如为何闪电的形状像树杈等，每个问题都会引导双方更为深入地了解事物的本质，学习到更多的知识，搭建更多的思考，这种自我的深入思考能够为孩子带去海量的记忆，因为这个过程中伴随的所有知识都是孩子自己主动寻求获得的。

其实我们的大脑是强大的，能下意识地记住自己几乎所有的推导，记录所有的发现，提出所有的问题，下意识地来解决问题并找到最优方案。人的很多解决办法都是在潜意识中完成的，比如，我们每天都会为吃饭之类的日常小事在潜意识中做出成百上千个决策，这就是大脑赋予我们的巨大能量。

复述和口算

数学的复述能力，特别是对于数学情境的复述能力是数学想象力的重要组成部分，是一种重要的数学深度学习思维训练方法。

复述能力并不是一字不漏地背诵，复述是把生活情境或者数学情境的结构用自己的话讲出来，并且能够把情境的层次分开，是一个编码和理解的过程，是抓出主要要素的过程，是连接内容和逻辑关系的思考和阐述。

比如，父母和孩子从游乐场回来，我们可以引导孩子复述整个游戏过程：

"我们今天去了哪里？"
"去了游乐场。"
"这个游乐场大不大？"
"挺大的，我都玩累了。"
"你今天玩了几个项目？"
"旋转木马、降落伞……一共6个项目。"
"你先玩的哪个项目？"
"碰碰车。"
"还记得我们玩的顺序吗？"
"不记得了。"
"你最喜欢玩哪个项目？"
"降落伞。"
"把今天玩的项目按你的喜欢程度排排序吧！"

这期间，孩子在讲自己对于情境的理解、猜想，体现出他们个性的思考，也会提出他们的问题。我们对此要珍视和鼓励，这是孩子在运用他们的大脑处理、想象和掌握日常情境和数学情境，这里面蕴藏着众多的结构、复杂的变量因素、逻辑关系等，很不容易。

我们要鼓励孩子从微复述到小段的复述，再到大段的复述和深度的复述。比如，父母带孩子出去吃饭，回来的路上或者过段时间让孩子回忆当时餐厅的布置、餐桌的位置、餐具的特点、上菜的顺序等。当孩子们复述的次数增多以后，他们复述的深度也会加深，这种思维的能力和张力就会逐步显现出来，思维的层次也会越来越丰富。

当他们用另外的事情做类比来进行间接的复述时，说明孩子已经有跨界的思考能力了，这是一种重要的能力。比如，顾左右而言他，其实就是孩子们在寻找其他的中间变量、辅助变量来帮其印证及说明自己的理解和认知。因此，我们要积极地参与到孩子的这种复述中经常地训练这种复述能力。只有在不断地和自己与他人的交流中，让孩子拥有良好的口算能力才能成为可能。

相比心算能力，对于9岁以前的孩子，我们应该更加注重培养孩子在数学情境和日常生活情境中的口算能力。广义的口算能力包括：口头的描述、口头的推演和口头的计算三个部分。

口算能够带来儿童语言素质能力的大幅提高，在孩子9岁之前是相当必要的，能够帮助他们有秩序、有结构地提高情境的空间想象力、语言表达力和推理力。

在描述和推理的过程中，孩子可以听到自己的思维过程，父母、朋友也可以听到，这是一种重要的表达和反馈。比如，父母带孩子参观博物馆，回来后在不同的时间段、不同的情境下都可以让孩子用语言描述自己的所见所闻，在过程中父母要与孩子一起回忆，提醒和帮助孩子尽可能多地进行语言上的表达。启发孩子多问问题，用问题带入自身对于事物更加深层的思考。比如，看了多少件物品？哪几件物品给你的印象最深刻？这个物品是什么材质和形状的？有哪些故事？孩子说出来的内容是他经过思考和加工过的，是他在大脑中对原事物的理解进行重新编码和升级后的理解。随着孩子不断口述重复和纠错，其空间想象力是在有秩序、有结构地提高的，孩子每次说的话都会不一样，每次都会通过反馈来纠正，即使讲同一个问题，孩子语言的组织能力也会不一样，其语言的组织能力会得到大幅提高改善。心算则做不到这样，心算是非显性化的。孩子心算时他人的参与度会大幅下降，纠错能力也就会相对很弱。

另外，培养孩子的口算能力还可以大大发展其情境策略能力。情境策略是指当面临一种情境的时候，孩子如何把内心中下意识的策略有序地讲出来，口语的描述和推演其实是把原来下意识的想法逐步显性化出来的过程。

比如，在食堂外的林荫道上，一个孩子如何在10米外穿过各种密度、速度的人群，选取最短的距离，最有效地、不被碰伤地、顺利地到达妈妈身边。父母要引导孩子把整个思维的过程复述出来，并将孩子下意识中的测算显性化地告诉他们，这些其实就是一个口头的测算和计划情境的策略行为。通过这种尽量不省略思维过程、描述思维推演过程的方法，会使孩子的想象力和思维能力都得到大幅提高。

"孩子，你为什么走这条路过来呢？"

"这条路近。"

"你为什么停下呀？"

"我怕被碰到。"

"你为什么怕被碰到啊？"

"我看到那个哥哥手里拿着东西，我怕他碰到我。"

"为什么不走那边呢？"

"因为我觉得那边人太多，我可能穿不过来。"

"孩子，你很棒，你穿过障碍物走过来的轨迹就是作了切线。"

其实，任何人对于事物的认知都存在着这样的过程。我们要引导孩子描述内心的策略，有序地组织、提高孩子的数学深度学习思维能力，让孩子的思维能力清晰地生长。

用符号替代语言

从狭义上看符号分为三种，即数字、语言和字母符号。数字符号和算术、数量级紧密相连；语言符号用于描述情境、细节、线索等；字母符号，主要指的是英文、拉丁字符等。

数字符号初看起来好像非常普通，因为它源于生活上的需要。但是不同数字符号的背后又有着深刻的联系。我的孩子在三四年级的时候曾经被一个问题困扰，她问我："爸爸，1/3的小数表达形式是0.33333……但0.33333……乘以3却得到0.99999……并不是1，这是为什么呢？"家长朋友们读到这里不妨也想想，我们该如何回答？其实这里不管1/3也好，还是0.33333……也好，都只是一个符号，而且它们指向了实数轴上同一个点，0.99999……和1也一样。

字母符号在数学中被固定下来，代表了一种固定的情境，是一种简化、抽象化了的数学情境，孩子如果不熟悉字母符号就会对未来的数学学习造成障碍。

因此，在日常生活的训练中，我们可以用字母来代替实物，就像名字一样，让孩子早些熟悉这种字母的指代，可以消除孩子对数学符号的陌生感和恐惧感。

我们在给孩子介绍数学符号时可以像引导孩子观察大自然的昆

虫一样，告诉孩子这些数学符号就像那些长相或美丽或古怪的昆虫一样，没什么可怕的，这些数学符号可以帮助我们极大地简化情境、代替很多语言描述，是我们的朋友，符号只是它们的名字而已。

比如，"ρ"代表密度，父母可以通过盛粥来引导孩子思考密度问题，因为粥的稀稠就是密度问题；也可以在游泳玩水的时候引导孩子思考为何玩具沉不下去的问题，启发孩子对于隐藏在现象背后有关水的浮力进行思考。我们在日常生活中把这些隐藏的符号显现出来，早点介绍给孩子并帮助他们熟悉，并养成使用这些数学符号的习惯。

国外的数学培训中非常重视用符号指代数学情境的训练，训练孩子用英文、希腊文的符号来替代物体、速度、比例、现象等，以此培养孩子对于数学基本概念的熟悉和直觉。学好符号是孩子数学学习的重要要求，孩子运用符号的能力体现出对于情境的抽象、标记以及指代的能力。

西欧在引入了大量符号学以后，使数学情境得到了巨大的简化和精练，数学的发展速度非常快，包括德国的高斯家族、瑞士的伯努利家族在内的一批重量级数学家的出现，使数学得以在欧洲大面积地快速发展，从而使世界发生了很大改变。符号的掌握能力、理解符号的对应指代能力对于孩子的数学深度学习思维想象能力发展非常重要。我们要有意识地给孩子讲情境中的数字和符号，并在情境中用符号做一些指代和运算，让孩子习惯用符号替代语言描述的情境。

河边的树木是"1"，河中的树木倒影是"–1"；

游乐场的大块区域可以用A、B、C、D标注；

不认识的小朋友可以用"X"代替名字；

蔷薇花太难写，可以用"Q"代替；

公路用直线、操场用圆圈、树木用点代替。

我们可以把日常生活情境用数学情境进行搭建，用数学的想象力来解释生活。引入数学符号，需要父母对孩子进行多次的引导，刻意地进行系统性安排，符号的带入越早越好。

搭"桥"的能力

生活中的很多陌生人在我们的工作和生活中起着巨大的推动作用，我们会把他们叫作中间人。很多社会问题的解决都需要依靠中间人，而数学问题的解决也同样需要"中间人"，我们称之为中间变量。我们要在日常生活中，把深不可测的数学中间变量像介绍邻家玩伴儿一样介绍给孩子，帮助孩子踏上数学之路。

中间变量对于孩子未来的智力发展、其他学科的学习会产生深远的影响，寻找中间变量是解析情境、解决问题的关键，也是搭建各种要素、寻找策略的延伸，对孩子一生的发展都很重要。

自古以来，聪明的中国人就非常善于运用中间变量，比如曹冲称象的故事其实就是利用中间变量解决问题的典型案例。再比如，我们会抱着狗去称重，然后减去自身重量，进而得到狗的重量。这些都是日常情境中我们运用中间变量的例子。中间变量可以是一个变量、一个替代物、一种等价物、一种策略，或是一种空间，这些都来源于常识。

比如，当年为了解决圆珠笔笔头漏油的问题，一开始大家的研究重点是怎样把笔头做得经久耐用，但实际上最后的解决方案是把笔芯剪短，让笔油在笔头坏掉之前就用完。

中间变量的思考对于思维的转换具有强大的支撑作用，中间变量是思考的支点，是思维再深入的中间站，需要我们着力培养和挖掘。在数学中，相向和相反跑的问题，会让我们对中间变量有更直接的感受。

例题：

小红和小明两人分别从圆形操场的直径两端A、B两点同时出发，按相反的方向绕此圆形路线运动，当小明走了80米后，他们第一次相遇，相遇点为C。在小红走完一周前40米处第二次相遇，相遇点为D，则此圆形操场的周长是多少米？

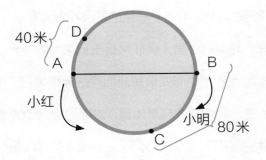

在这道题里，两个人走路的速度是不变的，变动的是距离，两个人相遇了两次，实际上是两个情境，因此，我们先要搞清每个情境中两个人走了多远，将情况拆开来想，问题就变得简单了。

> 小明和小红第一次在C点相遇是走了半圈，从C点开始到第二次相遇实际上是走了一圈。

半圈和一圈就是训练孩子抽象思维对于中间变量的理解程度的。当从C点重新开始走时，小明和小红一共走了一个整圆，这个中间变量就是解题的关键点。

> 小明和小红第一次C点相遇走了半圈（即AC+BC），再次出发相遇时走了一圈，那么从C点再次出发两人各自所用的时间应该是之前的2倍，所走的距离也是之前的2倍，这是另外一个中间变量。

解题思路:

AD=40米，BC=80米；
CD=2×BC=2×80=160米；
半圈距离=BC+CD-AD=80+160-40=200米；
一圈距离=200×2=400米。

这道题中的两个中间变量会把很多学生搞晕，其实只要你拆分情境，找出中间变量，就可以很快地找到解题的思路。题目中没有将中间变量直接告诉孩子，需要孩子自己去发现，这就需要孩子有很强的第二层抽象的体会和比较能力。

当几个情境合并在一起时，孩子能否叠加考虑？很多孩子叠加之后生成不了新东西，不是推理能力差，而是没有搞清叠加之前的基础事实，比如这道题中第一次相遇实际上是跑了半圈的事实。数学要慢，最重要的是在解析时的思考和训练叠加的能力。

孩子在日常生活中的区分能力、秩序能力是否扎实可以在解题中体现出来，如果孩子的日常生活非常邋遢，那么就无法将独立的工作任务区分出来，做事就会没有条理。比如收拾房间，当收拾完玩具再收拾衣服时，后者就是另外一项工作了，两件事情不要混在一起做。

如果孩子没有秩序、归纳、分类、简化的能力，第一个情境就整理不出来，第二个情境更是没有整理的线索，两个情境都整理出来还要进行叠加，这就是数学的深度学习。现实生活中也一样，比如整理完玩具和衣服后，还要看房间是否能给人舒服的感觉，能否达到期待的效果。

当我们把情境分拆以后会感觉题目很简单，思维需要秩序和分类。我们要培养孩子对于数学的敏感度，即对能够快速进行任务分类、问题拆分、中间变量显露的条件非常敏感，要刻意地增加这种训练，让孩子学会利用好中间变量这座桥，帮助他们解决数学问题。

打比方

首先，我给大家展示一段简单的古文，"以身观身、以家观家、以乡观乡、以邦观邦"。其实这句话很直白，以身观身，就是通过了解自己的想法来了解别人的想法；以家观家，就是用自己家的事去看待别人家的事，对比一下，别人家的事就容易理解了；以乡观乡，用自己家乡的事情来看待另外乡里的一些事情，包括治理方式、政治经济情况等一些问题就非常清楚了；以邦观邦，就是用自己的国家去比较另外一个国家的事情。

这段古文透露出来一个什么样的思想呢？

其实它讲了两个问题，第一是参照物，就是我们要用熟悉的参照物来进行研究、理解另外一个不太熟悉的事物，这两个事物之间要有相似之处。其实，这是一种复杂的情境对比，这种类比对于孩子的学习特别重要，也特别容易增加他们对于情境的理解能力，孩子对于事物的理解要由此及彼。

有时候我们会忽略这种捷径，其实我们的祖辈非常厉害，在很早之前就知道用打比方的方式选取我们熟悉的情境进行类比，使我们得以从熟悉的情境开始进行推理和理解，从整体上把握不熟悉的情境。

第二就是类比的问题，"以家观家、以身观身、以乡观乡、以邦观邦"的通理就是用我们熟悉的情境来观察、模拟、比较同一性质的情境。

结合过去的数学教学经验，我在数学启蒙中非常推荐用打比方的方式。打比方，在现代各种科学研究中都有着重要的作用，它还有一些其他的名字，有人叫它"思想实验"或者"直觉泵"。比如伽利略的两个铁球的思想实验，就是通过将理论中的抽象叙述实例化，然后用不同视角观察，进而发现原理论中的矛盾点。

比如，在面对两辆火车相向而行的问题时，可以打比方喂两个小孩同吃一碗饭，虽然两个孩子吃饭的速度不一样，但是他们是把两个人吃饭的速度合在一起共同消灭这碗饭。类似的，两个人相对而行，其实就是两个人在用速度之和消灭距离。

孩子们在日常生活情境中能够快速理解，只不过到了数学情境中后，他们的理解速度会放慢，这中间有各种原因，比如对数学概念、情境、符号的不熟悉等。其实，这些数学情境只是一些他们在日常生活中接触频率不高的事物，一旦用打比方的方式将不熟悉的数学情境与他们熟悉的生活情境相结合，孩子就可以理解得很快了，同时还可以在很大程度上提高运算速度和记忆能力。

孩子首先要对数学情境有清楚的理解，知道这是什么以及如何变化，这就是"以家观家，以身观身"带来的启示。打比方对于情境中的整体把握和推理都有着非常重要的作用。

其实打比方本身是一个很主动的学习方式，我们要让孩子学会打比方，就是让孩子把他熟悉的日常生活情境中的道理和事物特征通过打比方的方法迁移到数学情境中去，加快他们对于数学情境的理解和熟悉程度，让孩子知道数学情境其实就是日常情境的一种转化，没那么神秘。

我一直强调数学中简化的重要性，其实打比方本身就是一个简化的办法，会把那些不相关的变量和事物去掉，留下与情境任务相关的内容，把熟悉的情境进行编码用以理解不熟悉的情境，在整体上把握，在细节上对比，发现差异和相同点，用类比推理来进行理解，这就是孩子在心理上对于事物的学习过程。大家可以回忆自己打比方的事例，很多时候我们打比方都是在下意识中进行的。

其实，任何学科在本质上都是相通的，不同学科之间可以产生迁移，因此可以通过不同学科的类比、基本概念的类比发现这些学科之间的差异和共同点，给人重要的启发。

我们在日常的工作、研究中都会用到打比方的方法，打比方可以使我们比别人理解得更快、更能看清实质、更能清楚地看到我们小时候在生活中积累的本源，是一种非常有效和简明的理解方法。

因此，让孩子学会并养成打比方的习惯，对孩子的数学启蒙和未来的发展都具有深刻的意义。

关键性试错

当人进行边缘式推理时，没有什么可以比拟、模仿，甚至参考的信息，处于一种无措的状态，即边缘性处境。当孩子碰到难题或者大人遇到难事的时候就会经常面临这种处境，这种处境是浅度学习、模仿式学习无法解决的，必须进行独立的发现、解析及不断地探寻未知来解决问题，即深度学习。

边缘性处境是深度学习中最典型的处境，我以此来解析孩子的深度思维和深度学习能力是如何提高的。当我们处于未知领域，无法参考目前已知的事例和方法等信息时，我们都会经历隐形的、海量试错的过程，我们自己都不知道要尝试多少种路径、方法，才能把难题解决掉。

有时也会出现一下子就能解决难题的情况，这是一种偶然现象，这种情况不属于研究范畴。大部分情况是，这个人的深度学习能力很强，积累了大量的试错经验和各种思考的中间产物，能够快速激活、印证，比较清晰、有步骤地发现中间大体的层次、概念的递进、逻辑的递进、问题的递进，从而摒弃掉无关的内容，使问题得以解决。

比如做饭，会做饭的人是有做饭的专业深度空间的，里面不只有菜谱，还有刀工、油温、味道、调料、摆盘、补救等内容，这些都自由地飘浮在做饭的专业深度空间中，可以随意组织蔬菜的搭配、炒菜的顺序等。

孩子怎么做饭呢？他们可以笨拙地模仿大人削土豆皮、切丝，这是浅层学习，但是后面火开到什么程度、何时放油就不知道了，开始进入边缘性处境了，孩子知道自己不会，但是会进行尝试，这就是他们在面对未知领域开始进入试错的过程。

试错就是每一步都是错的，允许试错是非常好的，意味着允许创新，允许寻找非同寻常的方法，尽量少约束个体，尽量多地发挥个人的自由度。

试验就是试，即不知道哪步是对的，试是为了收集真正的经验，试错就是为了收集错误的试验，真正的学习都蕴藏在试错中。

试验与实验不同，实验是验证想法或情况，试验是为了知道怎么回事而进行的尝试，就像爱迪生发明灯丝一样，试了6000多种材料后选定了竹子，之后又经过大量的试验才找到了钨丝。

试错就是收集错误的信息和经验，要非常认真、系统、清晰地记录和收集，这才是真正的深度学习思维的学习，学习不是为了做会这道题，而是通过试错了很多种方法后知道为什么不行，后者才能积累大量的知识。

我当老师时发现有些学生有个特点，一旦试到错立刻就想终止试验，更不愿意尝试复杂性的思考试验，会马上说"老师，这题我不会"，包括我自己的孩子也会说"爸爸，这个我不会"，此时，我就会跟孩子说："这才是真正的知识，你不会不要紧，不会才让你去试错，做思维的试验。"当孩子们皱着眉头做题时头脑在飞快地旋转，海量的测试迅速产生，但可惜的是，大多数孩子持续思考的时间不长，思考不深入，能够收集到的经验非常少，浪费了深度学习和深度思考的机会。

一个人对于各种思维试验失败原因分析总结得越多，思维的中间产物就越多，思维的能力才会越来越强。每个人都会有第一次，这就是为什么父母要带领孩子做思维的试验，做试错的试验，即第一步准备出错，第二步收集为什么出错并和自己讨论，第三步提炼出错的经验成为思维的成果。

人只有在边缘性处境下自己思考才会出现深度学习，不是把题目做对，而是基本都不会，要在不会的情况下进行思维的试验，和自己进行思维的讨论并在深度学习空间中保留下这些思维的成果，当这些成果越来越多时，思维的空间才能真正地变大，才能一通百通。

深度思维不是猜出了一条可行的路径，而是做试验、比较试验、考察试验的本事，这才算是一个人能力合格。因此，试错才是深度学习、深度思维的关键，是建立深度空间的核心方式，这些看不见的暗物质才是深度学习思维。就像爱迪生为美国一家发电厂修理电机时，用粉笔在电机某个位置画了条线，收费1万美元，当时有人说这太贵了，但是爱迪生说："画一条线值1美元，知道在哪里画值9999美元。"

那些独立找参考书做难题的孩子试错试得多，会积累下很多试错的思维成果和经验，会越做越快，不畏惧难题，这种勇敢不是来源于会模仿，而是慢慢积累起的深层空间中海量的试错信息会成为下次试验的依据，这种孩子面对难题的思考会越来越快。这些孩子会不断地找新的难题慢慢想，为什么要慢？就是要把试错的三个步骤认认真真地积累完成。

父母对于孩子数学深度学习思维的启蒙，如果没有试错而只是把孩子引导上了模仿的道路，虽然花费了宝贵的时间和耐心陪伴孩子，但是这样培养出的孩子是走不远的。

没有试错就没有试验，没有试验根本就谈不上深度思考，没有深度思考就不可能有深度思维能力。

父母总是想让孩子一下子就找到正确的道路，但是现实吗？世上没有天才，那些天才是怎么学成的？就是用深度思考自己独立学成的。

　　父母如何引导孩子试错？用非约束性或者稍有约束性的题目，让孩子用里面的概念、问题在不知道对错的情况下开始延伸思考，做思维和学习的试验，引导孩子自己探索、发现、辩解、总结，与孩子进行丰富的讨论。

　　这个过程要缓、要慢，要不断地进行试错的第二步骤和第三步骤，如此才能使孩子在一个题目的试错中学到和积累的东西越来越多，思维越来越缜密、越来越熟练，孩子才能产生很强的洞察力和观察力，发散能力、归结能力、判断能力、批判能力等都会在其中得到锻炼。

　　只有这样学习，孩子才会知道每一次的试错都是一次了不起的大旅行。我非常反对让孩子对一个题目进行几十种试错，但是每一种试错的时间都很短暂，思考距离很短，就像每根冰棍只舔一口，这仅是浅尝辄止。

　　小时候父亲会跟我说，"你哄谁呢？你做快了有什么用啊？我又不是给你考试"。但是如果我跟父亲侃侃而谈自己的思考，即使都说错了父亲也非常高兴，父亲会说："你记住你的想法，我们再往下看有没有另外的可能。"父亲会陪我一个个试错，如果一道题目能够试错3次至4次，其中有1次至2次是很深刻的思考的话，那么这种思考的成果积累下来会非常庞大，孩子以后就真的错不了。

当把试错的过程拉长，就会出现像葡萄串的现象，葡萄串中间有茎秆，这个主干能把知识都串起来，也就是链式知识。试错的过程越长，对各层的问题、概念、逻辑深究得越多，链式的知识、经验积累就越多，这些链式葡萄串就挂在了深层学习空间中。边缘性处境是无法模仿的，因为每个都不一样，各种试错的经验、知识、概念等不断衍生，日积月累下来是相当了不起的。

什么是最宝贵的知识？那些知道为什么错的知识才最宝贵。边缘性处境的试错有没有诀窍？如何训练？通常有3种可供孩子尝试的路径。

第一种是让孩子尝试发现情境中的概念群落，就是做反身推理，找出问题中涉及的概念。比如，华夏幸福债务危机事件中涉及很多概念，资产规模、收入、园区、一体化等，但是引起这个事件的关键概念是收入未达预期。当一个人能够把问题群中的概念摸清时，实际上就摸清了问题的性质。

第二种是找到问题群落，也就是找情境中涉及的问题。比如，华夏幸福债务危机事件中涉及为什么会违约、为什么销售不及预期、为什么违约金额这么大、为什么同时开发这么多项目、为什么员工没有及时报告问题等一系列问题。

找到问题后就可以开始思维试验了，一个问题或者几个问题结合在一起可以形成一个思维试验，最后留下一些核心的问题。当下一次碰到类似情境时，一下子就会唤醒人在之前的思考中留下的关键概念和问题以及其形成的过程。为什么这个概念不行？哪些概念关键？人会立刻反应，这就是深度学习。

第三种路径就是试错和推理。人在处于边缘性处境时如何向前走？需要大量的试错。比如，有经验的人知道华夏幸福债务危机的原因在于公司错误地估计了京津冀地区的房产销售速度，但是新手在思考时会尝试很多推理，如考虑政策有没有发生变化、地区人口流动的影响等，这些推理的尝试都很重要，能够使人深入理解一家公司的深层次文化。对题目的推理理解是销售问题，但是对于公司深层次的认知则来源于那些深层次的试错。

如果一个人能够经常试错便会收获并积累海量的思维、经验、知识的果实，并且这些东西会经常被唤醒，处于非常活跃的状态。

为什么成年人往往都建立了自己的专业空间？因为经常碰到问题，需要经常思考、经常试错，会留下大量的思维中间产物，并且这些产物会经常处于活跃状态。

如果一个孩子经常进行数学深度学习，那么其数学深度学习空间中的链式知识、试错的中间产物就会越来越多，当这些试错经验、知识经常被激活，经常互相参考、印证、使用的时候，孩子的网状思维结构就形成了，这种思维结构对于学习而言是最高效的。

当碰到一个情境的时候，网状思维会有很多内容涌现出来，思考上是多窗口同时进行的，效率非常高。

特别是当一个人有很多专业领域的深度空间时，这些空间中的内容经常被激活就会产生串联，会经常跨学科进行互相验证，用跨界的深度思维来考虑问题、学习问题、处理问题。

深层空间中的思考成果、思考的半成品经常会被优先使用、叠加使用、优中选优、选典型、选大数，会拿出这些思考来非常形象地比喻当前面临的问题，能够把看似很远、不相干的内容放在一起使人豁然开朗。

我们只是看到一个人的解题能力强，但是为什么他能反复地解对题？他一定是在不断自我探索难题的深度学习中留下了大量的链式知识和网状知识，花费了大量的时间精力深度思考建设自己的深层空间，他来过，努力过，建设过，高效地运转过，产生过众多的思维成果，才能展示出高效简洁的解题能力。

为什么要慢？数学深度学习空间中积累的信息要足够多、足够复杂才能使一个孩子在未来的竞争中脱颖而出。如果一个孩子总是浅尝辄止、遇阻立刻换方向的话，就永远不会有深度学习、深度思考，就不会有真正的深度学习空间。

积累的策略

父母要想让孩子成为深度的学习者，就需要让孩子在深度思考中积累大量的中间产物，需要使用4种策略。

第一种策略类似于模糊的导向。当不会解题时，孩子面对问题是以问题为起点开始思考的，找已知条件、找路径，就像走在迷雾里，哪里有光亮向哪里走，这是孩子的典型特点。

一个有深度专业空间的人在思考问题的时候则不是这样，几乎不会把所有的已知条件都列出来一个个琢磨，而是以终为始倒过来思考，就像最终的解决方案已经立在不远处，自己只需要挑选一些信息对其搭建完整即可。

因此，在孩子尚不具备很多思考的中间产物时，父母切忌直接告诉孩子解题路径，父母能够以终为始地看懂题目，但是孩子在自我的深度学习中只有模糊的导向，父母要陪伴孩子从起点开始一点点探索，寻找可用的已知条件，寻找可行的路径，并思考其他路径行不通的原因，在深度学习中，这些思考的中间产物极为重要。

例题：

两个人共有铅笔30根，如果第一个人给了第二个人9根，就会比第二个人少2根，问两个人各有多少根铅笔？

当父母带着孩子走入数学世界时，孩子是比较陌生的，不会一下子就学会使用数学语言，也不会一下子就拥有简化等数学深度学习思维，孩子会在思考上走很多弯路，此时父母不要心急，这是再正常不过的事情了，要引导和鼓励孩子继续思考。

"爸爸，这是什么意思呀？我没听懂。"

"孩子，不着急，我再说一遍……"

"我不会，要不咱们拿30根铅笔试试吧。"

"孩子，你很棒，知道用实物来帮助思考，还有另外一种东西可以帮我们思考。"

"是什么呀？"

"是数学语言。"

"什么是数学语言啊？"

"就是最简洁的语言，我们在纸上画出来，它就能帮助我们解决问题啦。"

"那我们快画吧！"

……

这道题目最终的状态是第二个人比第一个人多2根，一共有30根铅笔，那么第一个人最终拥有14根，第二个人最终拥有16根，这就是至简情境。或者我们还可以这样想，因为第一个人给了第二个人9根铅笔会比第二个人少2根，那么如果第一个人给第二个人8根铅笔，两个人就一样多了，一样多就是各有15根。这两种方法都是使不同信息同质化，进入容易思考的至简世界。

为什么启蒙要慢？因为思考中形成的庞大的中间产物的积累需要时间和耐心。即使是成年人，当问题超越了自身专业空间维度时也是模糊导向的思考，也需要从一无所知的迷茫中开始探索。

第二种策略是情景模拟，包括半程模拟和全程模拟。孩子在向前探索的时候不可能一下子找到所有信息，需要做很多想象，需要分类、整理已知条件和信息，在没有找到全景时，要能够产生大体接近半成品的模拟情境的想象，这种情景模拟能力是我们人类的本能。

比如，孩子被老师叫去办公室，孩子会想是不是犯了什么错，老师会不会给父母打电话，等等，这就是半程模拟猜想。数学也是一样，当我们对新情境分析到一定程度时就会开始产生基本的、大体的猜想和预期，此时我们会反复地读题、研究情境信息来进行修正，这是一种动态的思考过程，初步的猜想和随后的修正能力统称为半程模拟能力。

在信息不是很全的情况下，孩子需要勇于向前探索、加工信息、收集信息，将信息结构化，将信息成形，形成半程的情景模拟。半程的模拟能力不是零碎的抽象思维或发散思维能力，而是能够利用不完整的信息拼凑情境全貌的能力。

半程模拟发生在思考的中途，需要边模拟边修正，伴随着猜想、虚拟、假设、否定，当绝大部分信息成形以后就会出现全程模拟，全程模拟能力是我们搞清整个情境状况及其中各种变量关系、各种现象深层次原因的一种能力。

半程模拟能力对应着半景模拟能力，全程模拟能力对应着全景模拟能力，当我们模拟情境时，情境化可以使我们在深度学习中有可视化的感觉支撑，没有可视化就会非常抽象，深度学习就无法持续。在谈论非常抽象的事物或情境时，半景模拟和全景模拟可以使我们感觉非常熟悉、近在眼前、有景色支撑、有画面感，使我们的思考得以继续。

第三种和第四种策略是边缘式推理和反身推理。深度学习中的推理是按照道理推动思维的前进，加工信息、发现问题的，这其中包括发散思维、聚合思维、逻辑思维等多种方法。

初学者在探索的时候是很迷茫的，没有什么指引，内心比较忐忑，这种最难状况下的向前推理就是边缘式推理。

边缘式推理不像逻辑推理、事理推理，后者有迹可循，有信息可依，有事例事理可言，相对比较容易。边缘式推理没有依据，没有什么信息可供参考，不知道往哪里走，就在边缘上，需要自己发现信息、搭建信息、寻找变量、创造变量。

就像学生做难题时不知道怎么想，感觉非常难，不知道下一脚往哪里踩。但是，当这些走"野森林"的新手回头看的时候就会发现自己已经前行了一段距离了，这就是反身推理。

当边缘式推理遇阻的时候，我们需要进行反身推理，也就是回过头来看看自己已经积累下的思考，这是深度学习中一定会反复发生的事情。

父母要与孩子一起进行边缘式推理，因为存在着大量的可能性、不确定性、未知性，父母要让孩子在前面走的同时启发孩子寻找落脚点。上山时走别人铺好的台阶和走野路是不一样的，后者的过程一定要慢，因为稍有不慎就会掉落山崖，如果只有孩子自己进行边缘式推理，那么孩子的挫败感会很强，强到不愿意再进行尝试。

因此，父母在陪伴的同时要及时地引导孩子进行反身推理，让孩子看到自己已经前行的成果，想一想已经发现的概念、线索以及自己是如何发现的，启发孩子如何利用自己走过的路的经验继续前行。边缘式推理和反身推理的策略非常实用，在每天的深度学习中都会用到。

比如，在"牛吃草"问题中，父母陪伴孩子发现了牛的饭量一定、初始草量一定的隐藏条件，在尚未想出如何解题时，回头看看已经发现的条件，引导孩子思考尚未发现的草每天的生长量也是一定的隐藏条件。

当一个人的边缘式推理能力大于全景模拟能力时，这个人只是处于深度学习的过程中，全景模拟的信息量还不足，而当一个人的深度学习能力非常强的时候则会更多地使用全景模拟能力。

比如，我们人类第一次爬泰山时，那时还没有路，即使我们的深度学习能力很强也不可能模拟出泰山的全景，我们只能一步步丈量、一点点摸索、犯无数的错误，摔倒、划伤、掉水里等。

深度学习中有着这么多的误解、这么多的惊奇、这么多的忽略、这么多的奇特，我们几乎忽略了深度学习中99%的内容，那些我们自己的尝试、失败、模拟、推理、猜想等才能帮助我们建立起强大的深度学习能力。

父母启蒙孩子时一定要慢，因为这里面的内容没有一样是容易的。父母要从模糊导向的起点开始启动孩子的深度学习，在半程和全程的模拟过程中培养孩子的半景和全景模拟能力，使孩子能够找到替换初始模糊导向系统的策略。

当孩子在半程或全程模拟中绘制出半景或全景模拟图时，孩子就不需要再用模糊导向了，而是会开始使用半景图或全景图进行导向了。

数学深度学习思维虽然包含逻辑思维，事理、事例的思维等，但是最能锻炼、最能启发一个孩子的是他自己所面临的向前的边缘式推理。

什么边缘？前面就是未知的边缘，身后则是已经推理完成的部分。

在未知的世界里下一步怎么走？如何发现下一步的推理方向？如何尝试和否定？我们将会面临海量的测算、尝试、总结、废弃、否定、策略的替换，形成大量的思维的中间产物，对未来的思维能力具有决定性的支撑作用。

写在最后　进入至简世界——助力孩子一生的数学学习！

我研究孩子数学思维的启蒙，是希望在孩子年龄较小、尚未掌握大量数学知识的时候，父母可以用大量日常情境训练孩子的数学思维。

第一步，需要对复杂情境进行简化，比如将极其复杂的日常情境用简笔画的方式转化为信息量极少的情境，剔除掉很多不相关的表面因素，只保留能供人辨识的关键特征信息。

为什么要从复杂情境进入至简情境？因为至简情境是日常情境向数学情境转化的中间步骤。至简情境虽然还保留着日常情境的特征，但是已经开始具备数学情境的特征了，使用点、线、面来勾勒图形，这就是初级数学语言的使用。

数学情境虽然是在简化的过程中得来的，但是至简情境还没有越过黄金边界成为真正的数学情境。

第二步，替代、指代。至简情境中的内容可以用字母、数字、图形等进行替代或指代。比如至简情境中有很多圆，可以用数数或用其他图形指代。

第三步，找概念。比如圆这个简化图形可能是太阳、石头、泡泡等，想到的概念越多越好、越不相干越好。

第四步，问问题。比如，圆的总数是多少？这样排列好不好看？为什么大小不一样？你觉得能移动吗？你觉得这样有规律吗？你在生活中见过这样的东西吗？……父母和孩子互相问问题，记录疑问、记录思维。

这些想法越杂、越多越好，为什么？孩子头脑中的东西还很少，父母要尽量让孩子多存，因为思维能力最终考查的是一个人头脑中的知识储备量，父母要让孩子开阔眼界。

比如，父母陪孩子读50本小说就是经历50种人生，父母陪孩子看各种各样的故事，就是看各种事例、事理、规则，看这些影射人世间的各种社会规则、秩序、价值观等。

对于孩子的数学深度学习思维启蒙，第一步是做减法，即简化情境，第二步至第四步是做加法，将至简情境恢复到含有大量信息，能够增加孩子的想象力、发散思维能力、结构化思维能力等的情境。一个情境中的概念、问题之间会有多个关系，父母要细致耐心地陪伴、鼓励孩子多说、多想。

比如，至简情境是一只蚂蚱的简笔画。画蚂蚱简单吗？齐白石画了一辈子。

"孩子，什么是蚂蚱？"

"蚂蚱有两条须子、两条后腿。"

"蚂蚱最大的弹跳力来自于哪里？"

"我觉得是两条后腿。"

"我们看看图上还缺什么。"

"我觉得缺草坪、白云、太阳、山。"

"很棒，我们画下来吧！"

"好的，妈妈。"

"你看看这是什么季节？"

"我觉得是秋天，秋天的蚂蚱。"

"为什么是秋天呢？"

"因为我在秋天的时候看到过很多蚂蚱。"

"你觉得这个蚂蚱会被谁吃掉呢？"

"我觉得会被小鸟吃掉。"

"你觉得蚂蚱处于食物链的什么位置呢？"

"我觉得它处于底端，因为它会被很多动物吃掉。"

"对，妈妈也是这么想的。你觉得这个蚂蚱的图形还可以是什么？"

"它就是只蚂蚱呀。"

"孩子，你看，当我们把它非常简单地用线条画在纸上的时候，我们就把它解放了，我们可以把它看成任何东西。"

"我明白了，妈妈，我们可以把它看成一个小机器人或者棒棒糖。"

"孩子你真棒，小机器人做成这样就厉害了，可以当间谍蚂蚱机器人！"

"妈妈，什么是间谍啊？"

······

父母引导孩子多说出主题概念，使之不断连接成为结构化事件，通过一个简单的图形讲述一个故事出来。

父母要为孩子开眼界，把自己头脑中的数据库共享给孩子。

以上是父母用非数学内容来启发孩子的数学深度学习思维，里面有大量的分类、发散思维、推导、定位、概念、问题等，问题越多越会锻炼孩子的头脑，孩子头脑中也更为丰富，数字、线条、图形、历史、概念、问题、事件，父母要记录下孩子这些深层思维的增加过程，尤其是结构化事件，即孩子编的故事。

孩子在编故事时开始选择的概念很散乱，慢慢就会朝主题概念聚焦，故事梗概、结构、逻辑、顺序、关系越来越清晰，完成自己的逻辑推理，形成最终的结构化事件。

比如，孩子说那只蚂蚱看到的是地球40亿年历史的进化过程，三叶虫从海里爬上来，外面是宇宙，旁边有恐龙灭绝、人类诞生，有一只麻雀想吃掉自己……

孩子每编一个故事都不容易，父母不用让孩子一次讲完，可以隔天接着讲，父母的耐心能够引导孩子不断地进行网状知识、链状知识的积累。

我在书里写过出声的思维、找中间变量，至简情境就是中间变量，孩子会从中找到很多概念群、问题群。父母要提要求，要求孩子将其讲成结构化的故事。

父母引导的目的是让孩子说，是问孩子问题，不是帮孩子编问题，父母给孩子讲十遍故事不如孩子自己讲一遍。

我们培养孩子的数学深度学习思维就是要让孩子习惯自己独立地想、独立地发现。

比如，孩子看到蚂蚱的简笔画，父母问这是什么，孩子说就是个蚂蚱，然后就不说了，父母不要着急，记下来，第二天再问孩子觉得那个图还可能是什么，孩子第二天说不出，父母第三天再接着问，孩子总有能说出来的时候。父母能够将其想象为 Logo、丝巾等跨界很远的东西，是因为成人的经历要比孩子丰富得多，这种深度学习带来的无边界的能力，才是我们要从小启蒙孩子的原因。

比如，图上画了只虫子的简笔画，这只是一只虫子吗？这还是个虫形，虫形等于虫子吗？这个推理正确吗？

显然，虫形＝虫子的逻辑是非常不正确的，虫形可以是任何东西，船、房屋、饰品、鞋、包装纸、手表、项链等，艺术家的跨界灵感从哪里来的？就是从这种无边界的数学深度学习思维中来的。

当进入至简情境中，留下的信息将受到极小的约束，变得非常自由，可以与更多的事物相联系，可以百科迁移，这就是至简的意义所在。如果我们判断一个物体是虫子，那么这个判断必须有极多的信息使我们确信它是一只虫子，但是如果我们将其他约束因素都摘除掉，剩下的至简信息就不一定还是原来的事物了，这就是抽象，用极少的信息量来代表极其复杂的情境，然后越过黄金边界迈向真正的数学情境。

在至简情境中，一切皆有可能，就看个人的装载能力了，按照逻辑、顺序、秩序、人物、概念、问题、结构化可以装载一个故事，也可以装载无数个故事。

在至简情境中有很多数学元素，线条、图形、点、数量、概念、问题、逻辑的故事情节，如果孩子讲完故事还能讲出一点与主题概念对应的事理，孩子的深度思维能力就会逐渐培养起来了。

接下来，当把两三个至简情境进行叠加时，概念就会产生叠加，孩子就需要用更复杂的思维来想象故事的概念了。

比如，这只蚂蚱趴在哪里？院子里、井盖上，北海公园、八大处，大学校园……父母要引导孩子把躺在角落里的知识经验都连接起来，带孩子见世面，让孩子的思维生长。

没有数学知识不要紧，我们用日常情境训练孩子真正的数学深度学习思维。

在至简情境中，当释放原来被约束的概念时，这些概念就能突破原有的边界，概念生长就开始了。此时，孩子如果可以沿着各个方向问问题的话，那么孩子的问题生长也开始了。

当孩子可以用不同的逻辑讲故事，反映不同的主题概念内容的时候，孩子的逻辑推理也开始生长了，孩子能够讲事例、讲事理，能够写出很好的文章。

为什么做完至简、找完概念问题后还要让孩子讲故事呢？讲故事能训练孩子把所有的原因、数字、概念、问题等串起来，推理形成结构化的故事，这是人在有意识地理解事件中的顺序、秩序、逻辑。

父母如此启蒙孩子，孩子如此深度学习，随着时间的推移，孩子就会越说越多、越来越开化，在孩子马上要觉醒的时候，父母要轻轻地推孩子一把，孩子又会进入一个新的天地，思维又开始无边界地生长。

深度学习就是要反复地挖掘概念群、问题群、逻辑群、解决方案群，反复地讲、反复地讨论，挖掘出更多的事件、事理、顺序、秩序、逻辑。

父母要在日常生活情境中不仅仅依靠数学知识，而且是利用生活信息为孩子进行数学式深度学习思维的训练，不是讲完一个故事就结束了，而是要反复地与孩子讨论，启发孩子寻找其他可能性，训练孩子知识迁移的能力。

最后，我要说的是，数学深度学习思维的方法造就了一个人的数学信息处理能力，孩子的深度学习过程是从听懂—看懂—自己会做—能给别人讲明白一步步进行的。父母正确的陪伴和引导，让孩子多说、多想、多做，才能让孩子拥有数学深度学习思维，助力孩子的一生！